心灵鸡汤大全
超值珍藏版

编者◎闫 晶

你的任性，一定要
配得上你的努力

图书在版编目（CIP）数据

心灵鸡汤大全集 : 超值珍藏版 / 闫晶编 . -- 北京：
世界图书出版公司北京公司 , 2011.6
ISBN 978-7-5100-3715-3

Ⅰ . ①心… Ⅱ . ①闫… Ⅲ . ①人生哲学－通俗读物
Ⅳ . ① B821-49

中国版本图书馆 CIP 数据核字 (2011) 第 133855 号

书　　　名　心灵鸡汤大全集:超值珍藏版
（汉语拼音）　XINLING JITANG DAQUANJI: CHAOZHI ZHENCANGBAN
编　　　者　闫晶
总　策　划　吴迪
责 任 编 辑　刘煜
装 帧 设 计　天昊书苑
出 版 发 行　世界图书出版公司长春有限公司
地　　　址　吉林省长春市春城大街 789 号
邮　　　编　130062
电　　　话　0431-86805551（发行）　0431-86805562（编辑）
网　　　址　http://www.wpcdb.com.cn
邮　　　箱　DBSJ@163.com
经　　　销　各地新华书店
印　　　刷　北京一鑫印务有限责任公司
开　　　本　889 mm × 1194 mm　1/32
印　　　张　25
字　　　数　519 千字
印　　　数　1—10 000
版　　　次　2011 年 6 月第 1 版　2019 年 10 月第 1 次印刷
国 际 书 号　ISBN 978-7-5100-3715-3
定　　　价　180.00 元（全 5 册）

人生是一个不断追求的过程，我们追求学业、追求事业、追求温情、追求幸福。时光在指尖流转，生活在光阴中继续。每个人都希望自己的人生是完美的，虽然这不容易做到，但是我们却可以通过自己的努力，让自己的人生少留一些遗憾，这样的人生同样也是完满的。

人的一生，都希望得到最多的快乐和幸福，希望自己的每一天都过得愉悦和惬意，希望身边的亲人和朋友也能像自己一样。于是，我们都在努力着。

我们一直很努力，争取做一个最好的自己；我们时刻在努力，尽量让未来对得起我们的努力。

苏格拉底曾说，人生就是一次无法重复的选择。每个人都会时常面临来自学习、生活、工作和社会的各种各样的压力和问题。当难题迎面而来的时候，充分汲取、掌握并运用深刻的哲理来指明前进的方向，领悟人生的意义，才能加速我们成功的进程。

　　每个人都希望拥有一个完满的人生，并为此付出努力。虽然生活当中总有一些不如意，但是我们追求完美的脚步却从不停歇。因为我们知道，生活总要继续，还有许多美好的人和事在未知的前方等着我们。为了能够遇见未来更好的自己，我们不能停下来，当然，我们也停不下来。因为我们已经在生活中了，所以请跟着它快乐地走下去吧！

目/录

Y

第一章

彪悍的人生不需要解释

指尖上的青春

大家好，今天和这么多年轻的朋友们在一起，我感觉我还不算太老吧，刚到30岁，但是终于不二了。首先我想为大家演奏一段我小时候最喜欢的一个乐曲，这首曲子使我有了当钢琴家的梦想，很多年轻的朋友们可能都看过《猫和老鼠》，其中有一集是《猫的协奏曲》。我父母在我一岁半的时候买了一架特别小的钢琴，我当时看着这个动画片，汤姆猫穿的是一件很长的燕尾服，而且在舞台上面做了一个非常酷的动作，所以当时我也开始学着汤姆猫的样子弹琴。

我还记得我第一次开音乐会的时候，我真的觉得那是我人生中不可寻常的一次记忆。音乐会前一天的晚上，我上了十次厕所，实在是睡不着觉，也不知道是因为紧张还是什么原因，我记着我从台后走到台前的那一刻，坐下来以后就演奏了这首曲子（现场弹奏）。我的第一感觉就是，自己在家练琴跟台上表演太不一样了，在台上我真正找到了分享给大家的这种快乐的感觉，所以我就立志长大了一定要当钢琴家！

开始都比较容易，也觉得很好玩。后来我才发现，弹琴太折磨人了，我当时才五岁，每天弹四五个小时，起来就是弹琴，然后上学，中午吃完饭继续练，再上学，晚上再练琴。我就有点后悔了。上台的时候听着曲子都很好听，练琴的时候都是这种（现场弹奏），我的邻居实在是受不了，在我练音阶的时候，他们就放着非常响的流行音乐。

在我七岁的时候，参加了第一次全国的钢琴比赛，我信心十足，肯定没问题，沈阳怎么赢，全国就怎么赢，结果拿了个第七名。我那当时的心情啊，真是一落千丈，而且当时第一名给了一架钢琴，第二名给了一台电视机，第三名给了什么电冰箱之类。然后这个第七名给了一个玩具狗，我就感觉特委屈，我看到这只狗，就感觉第七名写在它脸上，七、七，中文和阿拉伯文全在上面写着"七"，当时我跟这只狗还打了几仗，虽然是假的，但打得还是挺爽的。后来我带着这只狗去见我老师，说这是我第七名的奖品。老师说你应该把这只玩具狗当成你最好的朋友，把它当成激励你的一个目标，而不是因为你失败，去痛恨这只狗。后来我就把这只狗摆在钢琴上了，然后每天弹琴说，下回一定给你争气，我一定要得第一名。

后来我的父母做出了一个非常艰难的决定，我爸辞掉他的工作，去北京陪着我去报考中央音乐学院，我母亲一个人在沈阳，可以说是养家糊口。我虽然希望完成自己的音乐梦想，但这就意味着很小就要背井离乡了，所以在很长的一段时间里，我都一直没有恢复到我小时候比较活泼的这种性格，因为来到一个新的环境，确实是很困难。因为我第一个老师没找对，他说我肯定不会成为钢琴家，而且说我们的这种决定都是莽撞的，都是没有未来的。在半年多的时间里面，我感觉压力特别大，对自己很失望，对钢琴很失望，对新的生活感到很失望。终于在七个月以后，这个钢琴老师决定不教我了，建议我打道回府。这个时候已经离考中央音乐学院不到一年的时间了，当时我有很长一段时间不想再弹琴了，我觉得，如果钢琴给我带来的是一种痛苦，一种迷失，那我为什么还要去学它？我小时候之所以喜欢弹钢琴，就是因为音乐给我带来了一种生命，一种在你生活中渴望得到的一种精神。现在我也一直牢记，不管出现什么困难，都不能把这个精神失去。

后来在很快的时间，大概七八个月，跟新的老师——赵平国教授学习。在这个七八个月里，大概进步非常快。那么考试的时候，我又犯病了，又上了十次厕所，就怕考不上。我那时候，成天晚上做噩梦，有一次我是记着我做梦，第一轮就被刷下来了。大红榜上写着"你第一轮就被淘汰了"。大红榜，你能想象吗？后来考试的时候，弹得也很有感觉，好像可以说是把这一年半在北京学习的这种情感都弹出来了，酸甜苦辣。

之后在北京度过了五年，非常难忘的时光，其间我也赢得了两次国际性的钢琴比赛冠军。

在我十四岁的时候，我和我的父母，还有老师们决定留学美国。我记得非常清楚，出机场的时候，因为我们那时候的中国，还不像今天这么强大，所以我当时对着我们国徽说："我绝对不会让中国失望的。"

到了美国以后，先去的高中学校，同时上了音乐学院——在美国的费城。头一次我去学校，我的老师加里·格拉夫曼，他是我最崇拜的钢琴家霍洛维兹的学生，也是美国最著名的钢琴家之一。我见着他第一面，他说："你来美国要做什么？"我说我来美国，我要把所有美国的和欧洲的，什么世界的，任何一个地方的钢琴比赛，全都去比掉。然后他当时就笑："你不觉得你这很可笑吗？"我说："为什么可笑？"他说："你真正想做什么？"我说："我想当钢琴家。""你为什么要当钢琴家？"我说："我只能比完所有的第一名以后，我才能当钢琴家。"他说："你这也太……太功利主义了！"他说："你这根本不是为艺术而当钢琴家，你应该是学到真正的本领，提炼这些艺术大师的造诣、经验和精华。当你拥有的时候，你就会自然地成为一个钢琴家。"我当时不太赞同他这句话。

我爸当时也在，我爸说你肯定英语没听明白，他肯定不是这么说的。他肯定是让你把所有比赛必须得第一名才行。后来

5

我说不对。"不对？"我就说："那好吧，那我先好好练琴，但是过一年以后，你得让我去参加比赛。"他说："你如果发展好的话，过一年你就可以去开音乐会去了。"当时我就觉得他说的话都是梦话。但是在一年半的时间里面，我跟我的老师学了三十五首钢琴协奏曲、六套钢琴独奏会曲目。我那时候确实感觉到我老师说的这种重要性，就是说艺术是永恒的，而不是一时的。你的实力如果没有到这样的一个阶段，以后就算你很幸运地开始出名，也会很快摔下来，所以他是让我非常扎扎实实地去学习。

在1999年夏天的一个晚上，我当时有幸去给这个指挥大师艾森马赫面试，我很紧张，因为我以前考过很多次的。给指挥大师考试，指挥大师都说："你太年轻了，太小了，十几岁。"还有比较歧视的"中国人弹什么古典音乐"。所以我见着这位大师的时候，我实际很害怕。尤其他还这样站着，而且他是光头。这样站着，"你有什么曲子？"还有点德国的口音。"你有什么曲子？"我当时曲目量还是很大。我说："你想听什么吧？"他确实是很刁，上来就让我弹勃拉姆斯——非常有深度的曲子，也是我非常喜欢的曲子。我成了一个点歌器似的，他说："再弹这个，再弹那个，再弹斯克里亚宾，再弹拉赫玛尼诺夫……"结果他听了我大概两个半小时，然后说："如果明天我让你弹一首曲子，你弹什么？"明天让我弹协奏曲的话，我弹什么？我当时是在替补席这上面，还是排在第六跟第七名。就等于是什么呢，假如说这个职业钢琴家生病了，或者肚子疼。他下一个替补，他肚子也得疼。然后这个替补的下一个还在发烧。反正都是各种疼，才能轮到我。所以当时他就问我："现在就让你弹，你弹什么？柴可夫斯基的《第一钢琴协奏曲》，就这曲子！"后来当天晚上我从芝加哥飞回费城。

　　第二天一大早，我还在那儿睡觉呢。八点！我记得很清楚：八点！我的那个经纪人，每次都让我"你好好等待吧，你再等待十年吧！十年也不一定，二十年吧！你再等待！"他总让我等待，突然他比谁都兴奋："醒来！"我当时还以为做梦，一大早叫我醒来。"你好，说那个芝加哥交响乐团现在就让你，成为第一替补。"我说："那怎么？那几个替补怎么都有问题？"他说："不是。因为昨天你弹的，给这指挥弹了两个半小时，他非常喜欢你。他让你现在就去弹柴可夫斯基的《第一钢琴协奏曲》，替补安德鲁·瓦兹，在世纪音乐会上弹。"我当时和我爸，以刘翔的速度打个车，我爸当时用英文"二炮！二炮！"机场说成二炮，反正他倒挺可爱的，一路跑到这个机场，然后我就记着整个就像做梦一样。下了飞机，到直接开进音乐厅，然后当时我就坐下。在我旁边的已经不是一个一般的交响乐团了，是举世闻名的芝加哥交响乐团。所以当时就开始弹这个曲子。

　　那天晚上，介绍我出场的是美国最著名的音乐大师斯特恩大师。他说："今天晚上，安德鲁·瓦兹马上就应该出场了，但是他今天来不了了。"就听所有的观众嘘声一片，然后他就继续说："但今天替他出场的是一位十七岁的中国少年，将为我们演奏柴可夫斯基的《第一钢琴协奏曲》。"然后他把我的名字说出来了，当时我就能感觉到观众因为不认识我的这种感叹。我那天穿得很隆重，我穿的是当时汤姆猫的那个燕尾服。结果弹完以后，那是我一辈子也没有见过的那么热烈的场面，也没有听过的那么响的掌声。当时弹完最后一个音的时候，音还没有完全消失的时候，全场起立，而且坚持了大概能有七分钟的掌声，所以我坚信机会是留给准备好的人！你只要准备好了，机会就会来。

后来从十七岁到现在，我每天活得就像做梦一样。以前不敢聘用我的乐团和音乐厅都同一时间发起了邀请。那在第一年，我十八岁的时候，把我以前一直住的简易房子换成了一个别墅——在费城。所以当时我确实觉得机会太重要了！当你站到一个舞台的时候，你如果用全身心的感情投入进去，你会得到比你想要的还要多得多。

在很长一段时间里面，我都是演出！演出！演出！对我来讲，我觉得生活是很美好，但是同时也会觉得有点空虚。直到2004年的一天，我因为音乐会弹多了，手臂拉伤，临时取消三个礼拜的音乐会。当时我特别难受，因为我觉得好像梦想刚刚实现，突然手受伤。我就不知道会有什么样的未来，但就在这三个礼拜里面，真的让我感受到了人生不能只埋头苦干地去弹钢琴，我们一定要活得丰富多彩！当我非常有决心地要改变我的非常单调的音乐生涯的时候，我非常有幸地成为联合国儿童基金会的亲善大使。

那一次去非洲，去探望儿童，可以说改变了我很多的想法。我以前认为音乐，尤其是古典音乐，可能很难面向大众，但是在非洲，在那些儿童的身上，我看到了美妙的音乐是会震动所有人的心灵。不管你的背景是什么，不管你的国家是什么，不管你的文化是什么，我们都会通过优雅的音乐来展开我们的世界观。所以在探访这个非洲儿童以后，我就梦想着有一天能建立我自己的基金会，建立我自己的音乐学校，来培养、教育、启发我们下一代的青年、下一代的小朋友们。

我觉得可能在演奏钢琴的时候，我们经常是一个人，但是一个人的力量太单薄了，我们什么也做不成，所以我希望在未来的日子里面，我能和更多的有同样梦想的朋友们，一起来为我们世界创造一个更丰富的色彩。从这架钢琴开始！

来源：《开讲啦》郎朗演讲稿

虚冷的秋

一场夜雨终结了最长的夏天。

院子里的桂花盛放着，香气腻得人心柔柔的，无论有无风雨来袭，依旧不愿桂花被折离枝，心怀不舍地沉睡，怕一夜风真就将所有的浓郁剥夺了去。所幸所有的绿叶硬朗青翠，花蕊结实可靠，渐冷的第一天跑下楼去看到的，除了该落的惨淡萎谢地掉落了一地，该在的都还在的吧。怕这种短而无救的美好失去得太快，只是一种短暂的沉醉，也相信独有的清醒能够摆脱心底的寥落。一寸寸光阴破碎，只允许片刻安静的浮游。

一段时间内，需要每个周五的黄昏时刻待在某处数个小时，为了一个年轻的梦得以实现，不再流于形式，浮浅到丧失了对于真实的妄想。处于成年人的惶恐，怕经历与思考得多了影响到年轻的答案和出路。于是就乖乖地待在车里，任由时间从车窗外光线由明变暗，甚至四周全都笼罩在一片漆黑之中。其实不过是阅读几页书的时间，却仍能感觉到漫长，又觉是在消费和体验另一种浮躁的心态。

对于这个陌生的环境和形式，未必可以做到各取所需的清淡。在四周徘徊，想着寻一家小店可以坐坐，找一杯可口的热饮可以解乏，结果除了陌然，只有清冷。之后知道自己携带了零食前往，人总能在狭小的空间和局限的氛围里另找出路。车内的音乐听到疲乏，手机可以玩到没电，剩下的时光就用来用整个身躯感觉路过的车辆带来的震感。重要的是，当夜晚来临时探头看见月亮熠熠生辉，黑暗里的云层更加鲜明而浑厚。想象一个人飞车开到夜色的浓郁里去，站在高处凝望山川映衬里的明月。万籁俱寂，感受萧瑟寒意，大部分的美好时光，无须与人分享，无须对照相看。

某人说过，此段时间需要的是一种安稳相待，不需要任何过分的表达与焦虑的表态。内心的感悟确实不立文字，不做表达，能够让时间吸收，能让人慢慢理解。单纯而独立的循环也是一种牢固的真相。

空气里的秋天的气息，隐藏在各自内心的包裹里。轮回过来的秋意，需要去那些落魄的古镇，目证对照那些旧时的繁华。只是能够轻松踏上旅途总需要各种各样的契机，毕竟完美的旅途，需要在心里种下一颗远途的种子，用时间和心念去浇灌，能否开花结果都是另一种注定的因故。眼前的光景对于自已是一切的荒废，对于另一个年轻的人来说，才将准备一个真正远行的起跑。

这个季节，令人入迷的是风中拂面的桂花袭人，夜晚更加全是芬芳。心里隐隐约约的几分思绪，都是隐藏太多虚荣与借口之后的托词。不能存在独自出发的暗夜的冒险，夜色里狭巷里灯火明灭，只是在所有的时光流转里感觉身心适得其所。

一些悲秋的心绪，无非是给予那个在身边来去的人一点儿些许的真实和安宁。如闲碎的花草悠然散发出来的沁心气息，使人安宁，拥有无限延伸和深入的感觉。摆放几枝纤细的花枝放入瓷瓶之中，与之日久天长。

某夜若有风雨，相信已有了细嚼慢咽内心足够的平静。

来源：天涯部落

人生的无限可能

　　一个人要是跌进水里，他游泳游得好不好是无关紧要的，反正他得挣扎出去，不然就得淹死。逆境来时勇敢地尝试改变它，你可能创造历史；不敢改变它，你就可能成为历史。

　　米歇尔遭受了两次常人难以忍受的灾难。

　　第一次意外事故，把他身上65%以上的皮肤都烧坏了，使他面目恐怖，手脚变成了不分瓣的肉球，为此他动了16次手术。手术后，他无法拿叉子，无法拨电话，也无法一个人上厕所，但曾是海军陆战队队员的米歇尔从不认为他被打败了。面对镜子中难以辨认的自己，他想到某位哲人曾经说："相信你能你就能！""问题不是发生了什么，而是你如何面对它。"他说："我完全可以掌握我自己的人生之船，我可以选择把目前的状况看成是倒退或是一个起点。"

　　他很快从痛苦中解脱出来，几经努力、奋斗，变成了一个成功的百万富翁。米歇尔为自己在科罗拉多州买了一幢维多利亚式的房子，另外还买了许多房产、一架飞机及一家酒吧。后来，他和两个朋友合资开了一家公司，专门生产以木材为燃料的炉子，这家公司后来成为佛蒙特州第二大私人公司。

意外事故发生后4年，他不顾别人苦苦规劝，坚持要用肉球似的双手学习驾驶飞机。结果，他在助手的陪同下升上了天空后，飞机突然发生故障，摔了下来。当人们找到米歇尔时，发现他的脊椎骨粉碎性骨折，他将面临的是终身瘫痪。家人、朋友悲伤至极，他却说："我无法逃避现实，就必须乐观接受现实，这其中肯定隐藏着好的事情。我身体不能行动，但我的大脑是健全的，我还有可以帮助别人的一张嘴。"他用自己的智慧，用自己的幽默去讲述能鼓励病友战胜疾病的故事。他到哪里，笑声就荡漾在哪里。

在厄运的重创下，米歇尔仍不屈不挠，日夜努力使自己能达到最高限度的独立。他被选为科罗拉多州孤峰顶镇的镇长，以保护小镇的美景及环境，使之不因矿产的开采而遭受破坏。米歇尔后来也曾竞选国会议员，他用一句"不要只看小白脸"的口号，将自己难看的脸转化成一项有利的资产。

一天，一位护士学院毕业的金发女郎来护理他，他一眼就断定这就是他的梦中情人，他将他的想法告诉了家人和朋友，大家都劝他："别再痴心妄想了，万一人家拒绝你，多难堪呀！"他说："不，万一成功了呢？万一她答应了呢？"米歇尔决定去抓住哪怕只有万分之一的可能，他勇敢地向那位金发女郎约会、求爱。结果两年之后，那位金发女郎嫁给了他。米歇尔经过不懈的努力，成为美国人心目中的英雄，也成为美国坐在轮椅上的国会议员，拿到了公共行政硕士学位，并持续他的飞行活动、环保运动及公共演说。

米歇尔说："我瘫痪之前可以做一万件事，现在我只能做9000件，我可以把注意力放在我无法再做的1000件事上，或是把目光放在我还能做到的9000件事上，告诉大家我的人生曾遭受过两次重大的挫折，如果我能选择不把挫折拿来当成放弃努力的借口，那么，或许你们可以从一个新的角度，来看待一些一直让你们裹足不前的经历。你可以想开一点，然后你就有机会说：或许那也没什么大不了的！"

要抓住万分之一的机会，可不是那么容易的，必须要有积极、乐观的人生态度；只有凡事往好处想，才能视困难为机遇和希望，才能迎难而上，增添生活的勇气和力量，战胜各种艰难险阻，赢得人生与事业的成功，那万分之一就成了百分之百。

来源：豆瓣

数学是他眼中最美的诗篇

丘成桐的人生道路显得那么不同：22岁，他获得了美国加州伯克利分校的博士学位；26岁，他成为斯坦福大学的终身教授；27岁，他一举破解世界级的数学难题"卡拉比"猜想；任教哈佛后，有人评价说："丘成桐一个人就是哈佛的一个数学系"。

数学皇帝、一代宗师……丘成桐的身上，有太多光环加身，菲尔兹奖、克拉福德奖、沃尔夫奖、马塞尔·格罗斯曼奖，丘成桐一个人几乎囊括了数学界所有让人梦寐以求的荣誉和奖杯。

他本人和他学生始终都是华尔街邀约的对象，华尔街公司甚至用超10倍的薪水挖他，但是他却说：这不是我的生活，我一辈子不是为了钱来向前走的，我有我的理想。大房子、漂亮汽车对我来讲，都不重要。

当董卿问：在您心里什么是最重要的？

他说：一个是我的学问，对数学能够有贡献，使人类向前进。一个是家庭，我要对得起我的妻子，我的小孩。第三个是国家，我虽然现在不是中国公民，我还是将中国看成是我的国家。我希望中国能够有很大的进展，能够成为世界的领导的国家！

他是这样说的，也是这样做的！

为了培养数学人才，2009年，在丘成桐的倡导下，清华大学成立数学科学中心。同年，清华推出了"清华学堂人才培养计划"，丘成桐成为清华学堂数学班首席教授。这个班到底有多牛？看看近年升学去向就知道了！

据统计，在清华学堂数学班2017、2018届43名本科生中，有42名同学进入清华、北大、哈佛、MIT、斯坦福和普林斯顿等中外知名大学攻读硕士或博士学位。

丘成桐，著名数学家，菲尔兹奖和沃尔夫奖获得者，清华学堂数学班首席教授。他给学堂班的寄语是：好的研究是需要30年、40年才能完成的一个长远计划，期望学堂班毕业生继续努力、持之以恒，同时也希望出国的学堂班学生在未来回国效力。

一

站在山巅太久的人，会让人们生出一种错觉，似乎他注定和自己不同，是原本就出生在群山之巅的，我们忘记了他在攀爬高峰时，曾遇到的艰辛和付出的努力。我们看到的，是一个无时无刻不优雅淡定，随时都能解出数学难题的丘成桐，我们看不到的，是在追求数学大道上，他数十年如一日"苦行僧"一般的付出。

我们印象中，数学家总是严谨而不苟言笑，看上去有些"坚硬"的，丘成桐又一次"刷新"了人们的印象，在解出了"卡拉比猜想"后，他用过一个浪漫至极的诗句形容自己的心境："落花人独立，微雨燕双飞"。

这位数学家，让人窥见了他内心的柔软与诗意。今天，让我们随着他一起，重读山水田园诗人陶渊明的《归去来兮辞》，感受数学无与伦比的美，走近这位"数学皇帝"的别样人生。

1954年，意大利著名几何学家卡拉比在国际数学家大会上提出了一个惊人的猜想：在封闭的空间内，有无可能存在没有物质分布的引力场。

"卡拉比猜想"一经抛出，就在数学界的深海中掀起了一波惊涛骇浪，无数数学家宛如冲浪者一般，被危险的海浪吸引，他们希望能证明这一难题，成为数学界的弄潮儿。然而，所有人都折戟而归，除了一名青年。

20岁那一年，丘成桐在图书馆遇见了"卡拉比猜想"。该怎样去形容这一场"命中注定"的邂逅呢？第一眼看到"卡拉比猜想"时，丘成桐说，他像是遇见了一个美丽的姑娘，让人忍不住想离"她"近些，更近一些。丘成桐的老师、著名数学家陈省身曾告诉他，怎样去分辨一个数学家的能力？就是看他起床的第一件事，在想什么东西。

彼时的丘成桐，就如一个陷入热恋的青年，每天睁开眼的第一件事，就是思索如何去印证"卡拉比猜想"。最初，丘成桐和其他数学家的想法一致，认为这个猜想太完美，以至于不可能真实存在，他用三年的时间，每天超过12个小时的工作量，找到了"卡拉比猜想"的"反例"。

1973年8月，在斯坦福大学召开的一个顶级几何学家研讨会上，丘成桐将自己的想法告诉了卡拉比。在场的所有人都认为，困扰大家近20年的问题解决了，这位年轻的"数学新星"一战成名，连卡拉比本人，也对他提出了褒奖。登上群山之巅的那一刻，近在咫尺。

二

然而，不久后，丘成桐接到了卡拉比教授的亲笔信，卡拉比希望丘成桐完整展示出自己的证明过程。丘成桐为此不眠不休两个星期，找了大量的例证，试图证明卡拉比猜想是错的。但一次次证明，一次次失败，有好多次似乎逼近终点，最后却在很小的地方推不过去。群山之巅，一步之遥。隐藏在迷雾中的美人，在即将取下面纱的时候，突然改变了主意，"她"转身，给丘成桐留下一个欲说还休的背影。

丘成桐不得不认清，整整三年时间，他找错了通往山顶的道路。发现错误后，丘成桐立即提笔给卡拉比回信，承认是自己错了。

在登顶的瞬间从高峰跌落，丘成桐没有给自己失望的时间，他开始融合学习数学与几何，选择一条更艰难、更危险的道路攀爬高峰。

没有假日，没有休息，他的世界里，简化到只剩下这么一位高冷的"卡拉比女神"。

又过了三年时间，当他觉得自己快和"卡拉比猜想"中的空间融合在一起时，"女神"终于款款摘下面纱，把独一无二的面庞给了他。

该怎样去形容这六年的艰辛呢？

丘成桐给出了一个诗意的表达：落花人独立，微雨燕双飞。

在求证大道的道路上，他独自面对，"人独立"，孤军奋战；但当他真正进入数学的美妙世界，和整个猜想融为一体时，又有了"燕双飞"的快乐与满足。

三年又三年，一代数学宗师正是在不断的攀爬与跌落中，在不断的试错中，最终开创了新的数学流派，因为他的孜孜以求，微分几何敞开了一扇新的大门，更多宝藏露出了金光，欢迎数学冒险家们去一探究竟。

三

数之不尽的荣誉接踵而至，许多华尔街的公司向他抛出橄榄枝，他拒绝了比学校薪资高出十倍的高薪诱惑，这位"数学宗师"依旧选择留在学校，教书育人。

丘成桐说，最高兴的是，太太和自己一样，有一种朴素的观念，"我们的整个家庭都是比较清高的，我们也不要求钱，也不要求名利，我太太不喜欢我去出名，也不喜欢我去赚大钱，只要我能做学问，能够为人类有所贡献，她就觉得很高兴了。"

遇见一份喜欢的事业并为之奋斗终生，是幸运；遇见一个懂自己，时刻为自己鼓劲喝彩的人，更是缘分。丘成桐在追求数学大道的路上，结识了相伴终身的爱人，他曾说，这一生，有两个人对他影响最大：一个是他的父亲，一个就是他的妻子。

年少时，身为哲学教授的父亲带领他看到中国传统文化之美，汪洋恣意的文学世界，成为他一生想象力的起源和精神上的秘密花园。

成年后，身为物理学家的妻子给了他无数的启发和灵感，让他在一次次登峰问鼎时，有了不竭的动力和爱的支撑。

熟悉丘成桐的人都知道，他爱用文学的方式表达对数学的喜爱，因为在他眼里，数学和文学一样，充满了韵律之美，在他笔下，"赋"和几何是绝配：

"穹苍广而善美兮，何天理之悠悠。

先哲思而念远兮，奚术算之不休。

形与美之交接兮，心与物之融流。

临新纪而展望兮，翼四方以真酬……"

这是一个数学家关于几何的浪漫表达。

丘成桐的朗读，要献给父亲，年幼时，父亲曾带着他，一遍又一遍诵读陶渊明的《归去来兮辞》，少年不识愁滋味，彼时懵懂的丘成桐，并不明白父亲吟诵时，一字一句中透露出的向往与坚持，直到父亲永远离开，曾经的少年，也到了两鬓星星然的年纪。他渐渐读懂了父亲，读懂了父亲教给他的《归去来兮辞》……

1600多年前，当田园诗人的鼻祖陶渊明提笔写下这首《归去来兮辞》的时候，恐怕没有想到，他留下的文字，将穿越千年的时空，与另外一位数学领域和他成就相等的老者相遇："归去来兮，田园将芜胡不归？既自以心为形役，奚惆怅而独悲？悟已往之不谏，知来者之可追。实迷途其未远，觉今是而昨非……"

千年的时空交错，文学与数学的交汇，理性与感性融合的最高境界在此处呈现，我们惊讶地发现，那一块块字，一个个图形交融在一起，竟如此和谐美丽，在丘成桐的朗读中，我们觉得，数学成了诗篇，诗篇也成了最美的图形。

来源：《朗读者》

转型从零开始

各位同学大家好，我觉得今天非常高兴，跟大家一起能够分享我的人生的一些经历。我今天的演讲题目是：转型从零开始。

有一位老者曾经问我说："你的奖牌和奖杯都放在什么地方？"我讲："我父母，拿出了一间屋子，专门作为一个荣誉室，把我所有得过的奖牌、奖杯、奖状全部放在这个屋子里头。"他跟我讲："你应该把它收起来，因为这些已经统统成为过去。"

从那一刻开始，我一直在想这句话。因为作为一个运动员，转型是很困难的。快要退役的时候，就在考虑我退役以后怎么办呢？是继续当教练呢？还是像你们一样，走向社会？我如果说不当教练的话，我会做什么？我能跟你们去竞争吗？我认为我竞争不过你们。所以从那时候决定要去读书，要更好地完善自己，所以我选择了去读清华大学。

刚刚进清华的时候，可以说我还是很自卑的。当我上第一堂课的时候，跟我的老师也很坦率地讲："我在清华没有办法上来就跟大课，没有这样的水平，尤其英语的课程。"清华老师问我："你的英文什么水平？"我说："是零。"他说："那你，二十六个字母先试试吧！"我能想起来的二十六个字母，大小写一块混着写——也没写全二十六个字母。这就是我清华的第一堂课。那么老师也明白我是什么水平了，是吧！

一切从头开始，我不认为说：你不会，这个问题就把你吓倒了！因为任何事情，你都是从不会到会，从会再逐渐地去感悟和提炼这个成功的规律，一定是这个过程。在这个过程当中，我大把大把地掉头发。当时我自己也很纳闷，我这个打球也不是不动脑筋，因为乒乓球不动脑筋你是赢不了球的——它是一个斗智斗勇的运动项目。但是为什么读了书了，学了点英文，就大把大把掉头发呢？我觉得这个问题，只能留给科学家去研究了。

在清华读了一段时间，我被中国奥委会推荐到国际奥委会，由萨马兰奇主席任命，成为国际奥委会运动员委员会的一个成员。第一次去开会，让我极其受刺激！因为所有的委员，都是可以讲英文、法文，唯独我一个是带着翻译去的。别人在讨论问题的时候，翻译总是慢半拍。等到下边开完会以后，在大家交流的过程当中，你总隔一个人。别人想跟你交流的时候，也觉得很困难。这个极大地刺激了我：我无论如何也应该把英语先拿下！

　　我第一次去英国留学的时候，是在1998年。因为国际奥委会要在葡萄牙开一次会，当时中国奥委会建议说：一定要在上面有一个发言，帮助写了一篇很简短的稿子，也就一页纸。这一页纸当时对我来讲，是非常困难的，根本不认识。怎么办呢？当时就在英国，请了一个私人老师。我请这个老师把它录下来——他讲话，然后录下来。然后我完全按照他讲的，完全地模仿、学习。然后把这个内容，用字典全部翻译出来、标上音标，然后就跟着老师讲的录音带，一遍遍地学。就这一篇纸的讲话，也不超过五分钟，大家猜猜我学了多长时间？多少？三天啊？你太高估我了！一个月？谁说的？没错！我真的是用了一个月的时间，在学习这篇讲话。最后到了里斯本开会的时候，正好是萨马兰奇主持会议，他以为会是翻译上，结果我开口就开始用英文讲。我一开口讲英文，萨马兰奇就笑了，然后一直笑到我最后把这篇讲话讲完。最后呢，他说："邓，才学了三个月的英文，能够有今天这样的一个发言，我们大家应该给她祝贺鼓掌！"

　　所以好多人问我："转型你害怕吗？"我说："有什么好怕的呢？因为从一开始生下来，你就不会，你不是一点点地学习吗？"所以说：今天的成功，不等于明天的成功。但明天的失败，也不等于你后天不可以成功！在这样的一个经历过程当中，虽然很艰辛，也很困难，但是，好像还有一点点信心，觉得自己并不是那么笨。笨也是笨，刚才同学讲三天一篇五分钟的讲稿。没错，你们能三天，我就得用一个月。我想以勤补拙、笨鸟先飞。这个事儿，大家是公平的，对吧？你聪明，我多干点，咱俩可能也能扯平。但是到了最后的时候，是不是你真的比我聪明？那倒不一定了！因为功夫不负有心人。

因为清华拿完学士学位，英文是我的专业。随后又到了诺丁汉大学，攻读了一个硕士学位。信心来了，当时的想法就是希望能够到剑桥，去读一个博士学位。但刚有这个想法以后，我周边的所有人：我的亲人、我的朋友、我的老师，包括萨马兰奇，统统说别去读。为什么？他们觉得太难了，说："你名气这么大，你万一读不成，这多难看啊！"我觉得，这都是在为我考虑。但是我觉得我这辈子机会来了，我干吗要等下辈子？所以，我仍然坚持去读剑桥。

我就读的这个系是Land Economy，翻译过来叫土地与经济系。在中国，可以这样讲，在申办奥运会，当时2003年，正开始我们要去筹措大量的资金——就是要做大量的市场开发，能够减轻我们国家的负担，利用更多的市场资源，能够帮助我们办好奥运会。

所以，我就积极地参与了这个工作。走访了大量跨国的一些CEO（首席执行官），包括他们的一些主导做市场开发的

Marketing（市场营销）。这方面的这些人，以及让我最后的博士论文定位在了什么呢——《奥林匹克品牌的商业价值研究》。

为什么要研究奥林匹克的品牌商业价值？大家知道，奥运会讲的是奥林匹克精神：更快、更高、更强。但是，是怎样一个无形的手，在推动着奥林匹克运动这么蓬勃发展？是商业的模式。因为在奥林匹克运动当中，大家不要简单地看作这是一个体育的比赛。其实，奥委会对每一次奥运会的各个项目，都会进行严格的评估，通过多个参数、多个指标，来评估和排序这二十八个项目。哪些项目是最不受欢迎的，那么就要淘汰这些最不受欢迎的项目。而且要引进现在年轻人最喜欢的项目进入到奥运会。因为他们知道抓住年轻人，是抓住了未来！抓住了未来，奥林匹克运动才能更好地蓬勃发展！所以，一个奥运会，它都是以用户为导向，那更不要说今天的互联网。

在我没进入这个行业之前，我拜访了多位这个行业的专家、学者、老师，还有我们业界的大牛。包括李开复、张朝阳、马云、曹国伟，可以说没有一个我没有拜访到的。在这个过程当中，他们确确实实也给了非常多的建议和意见，也泼了非常多的冷水。因为我们毕竟还很年轻，我进入这个行业时间也不长，可以说就是一个学生，要向老师，要向大牛们去学习。因为我相信你只要肯低头，找到老师、找对人，他一定会教给你他最宝贵的经验！

所以，我今天作为一个互联网公司的CEO，最重要的是定战略方向。其次，找到跟你同甘共苦，能够创业奋斗的一批精英，然后带领大家勇往直前。所以，我想在人生的道路当中，最重要的是要不断地完善自己——就是要不断地归零。

我们要有归零的决心，不要想着我曾经在非常好的学校学习过，是吧，我已经不得了了。但是你要肯放下，肯归零。要想到，我要从零开始，要保持一个勇往直前、拼搏向上的一种精神。在拼搏的过程当中，一定会遇到困难。那么我们该怎么办？我们要有忍耐力！你的忍耐力有多强，你的成就就有多高。你的承受力有多大，你的成功就会有多大！

来源：《开讲啦》邓亚萍演讲稿

追求人生精彩，但不要忘了初心

其实还有点晕，原来刚才跟我讲话的是撒贝宁。我想分享的是我人生的一个低谷，要从一首诗开始：

你还在我身边

瀑布的水逆流而上

蒲公英的种子

从远处飘回

聚成伞的模样

我交回录取通知书

忘了十年寒窗

厨房里飘来饭菜的香

你把我的卷子签好名字

关掉电视

帮我把书包背上

你还在我身旁

四年前，那个时候我刚刚参加三千米级载人深潜试验，那个时候我在船上。可能刚刚出发没多久，结果就在船上接到了家里面打来的卫星的紧急电话，船长告诉我，我父亲突发脑溢血，刚刚做完开颅手术，还在重症监护室里面，处于半昏迷状态，特别危险。我家里人本来不想告诉我的，但是他们担心我回去以后，可能我和父亲再也见不着了。因为我们那一次出去要三个月，所以就打电话到船上来，征询我的意见。我听了以后，当时就急了。

我觉得上天还是蛮眷顾我的，因为正好第二天我们船要靠三亚，有一个三天的补给时间。然后我跟领导说，那我就坐最早的一班飞机回家。我回到岳阳的时候，我父亲在重症监护室里面，还在危险期。当时我进去的时候，他头上，包括喉咙、身上都插了很多管子。我看到他的时候，他也看到了我，他的眼泪唰就下来了，然后特别着急地想跟我说话，但是他说不出话来，就是"嗯嗯"那种说不出话来。握住他的手，当时我的眼泪也下来了。但是我又不知道说什么，我就跟他说，"爸，我回来了，我回来了。"当时他的心跳，本来我记得是130多，但马上跳到170多，他那个血压也一下升了很高。医生说，你不能待太久，这样对他比较危险，后来出来了。

回到了船上以后，第二天上午，船从三亚起航的时候，它发出了一个长长的鸣笛声，起航了。我当时坐在船舷上面，我把眼睛闭上了以后，我就感觉父亲站在我旁边，感觉他轻轻地摸着我的头上说，"文韬，你好好干，我们都支持你！"我当时有这样的一个感觉。我眼睛睁开的时候，我的眼泪唰地一下就流了下来，我对自己讲，我说，傅文韬，你这次出去的话，你一定要干出成绩！你一定要努力，用最好的成绩来回报你的父亲，弥补你不能陪伴你父亲的这份缺失！

其实说起来也很丢脸，我一共哭了两次。当时在船舷我是第一次哭。当年第十四次下潜，我们是三千米级海试，也是我们蛟龙号要首次突破三千米深度，那次我是主驾驶。为那次下潜，我准备得特别充分。可以说，那几个小时里面，我精细到了每一分钟做什么事情。我们刚下潜到两百多米的时候，结果那个潜器就出现了报警。就是电磁系统的泄漏报警，跟那个还有点像。当然，我愣了一下，电磁系统如果一旦泄漏的话，后果是非常严重。

你们可以想象，很多设备会烧掉。结果后来我们一直下潜到了一千米，那个故障还是有。特别、特别无奈，把返回的按钮扳上来。回到船上以后，有一位同事过来告诉我，他准备的时候，有一个很小的地方，差了一点点，他觉得特别抱歉。当时我说，没关系。他走了以后，我把门关上了以后，那会儿我在宿舍里面哭得特别伤心。因为我觉得，太想做出成绩了，这样的一个机会太难得了、太不容易了。因为下一次主驾的话，肯定又不是我了。

那是我第二次哭，2012年6月，最后我们向作业型载人潜器的最大下潜深度记录发起了冲击。那年最终，我和小唐下到了7062.68米，也是创造了当时的世界上的同类作业型载人潜器的最大的下潜深度记录。我觉得这也是我人生特别自豪的一个时候吧，因为准备了很多年。

我实现了我当时出来的时候我对自己的诺言。但不知道为什么，我觉得心情特别沉重。当时我问了我家里人，我父亲右半身都瘫痪掉了，也失去了语言功能。其实我最渴望的、最期望的是能够和我的家人，尤其是我的父母，一起分享我的每一次成功、我的每一个成绩、我的每一份喜悦。但是，可能是因为我父亲的缺失，我现在想跟他们分享我的这一切的，都找不到这样的一个机会。我曾经不止一次问自己，我说，如果我把我现在拥有这一切去换回我父亲的健康、我母亲开心的一个笑，我会不会愿意？第一次我问这个问题的时候，我当时还有点犹豫。但是现在，我会毫不犹豫地说：我肯定愿意！

每一个职业有每一个职业的特点。你在得到的同时，必然有一些东西是需要你去承担、需要你付出的，可能这就是每个人的责任。所以，我也想跟大家说，在你们追求自己人生精彩的同时，一定也不要忘了自己的初心！

来源：《青年中国说》傅文韬演讲稿

人生总有不完美

各位年轻的朋友们：大家好，从小到大，大大小小重要的比赛应该有上百场吧，像奥运会现场观众里面有两万多人，那个时候我其实也紧张，但是特别自信，因为那是我的强项。站在这儿我觉得特别没底，从哪说起呢？我觉得从我练体操开始吧。

五岁的时候我就开始练体操，现在想起来，应该是体操选择了我。因为我是早产儿，七个月的时候我就迫不及待地出来了，刚出生的时候4斤2两，爸妈跟我说，我当时出生的时候就跟一个啤酒瓶差不多大。从小我的体质并不是很好，所以家人考虑让我去锻炼锻炼身体，把我送到了体操队。第二天就开始练柔韧了，就是压腿，我就会哭，哭得很厉害，之所以我能够坚持练体操，是因为我家里条件并不好。我们住在一个二十八平方米的房子里，我小的时候几乎是没有新的玩具，也没有什么好的衣服，而我那时候练体操能够让我在同年龄的比赛中拿到成绩以后，得到铅笔、书包等奖励，所以我当时就这样子坚持了一个童年的体操训练。

当我练到大概十二岁，要真正地进入专业队的时候，家人第一次问我，你已经练了七年了，你喜欢体操吗？我当时觉得为什么不喜欢，我练得挺好的，我不但小的时候学习能够考双百，而且我还能拿体操的很多很多成绩，所以我就很顺利地进入了专业队训练。

从1994年进入专业队，到2000年的时候，这六年我练了很多很多，但是我没有成绩。小的时候那种所谓的优越感，我比同年龄的孩子不但学习要好，我训练的成绩还要好，所以当很多孩子跟我去比，说你看我有一双新鞋，我有新的东西的时候，我爸妈也会教育我就说，你不要跟他们比这些，你要去跟他们比你的学习、训练，当时我就会很自豪地说，你看我虽然没有这个，但是我的学习很好，我的训练很好。但是当进入专业队这么多年以后，没有拿得成绩的时候，当所有亲戚来我家的时候，问陈一冰还在练体操吗？还在练，但是问到这次又去哪比赛拿到什么成绩的时候，我那个时候没有任何的自豪感。我是觉得为什么我要继续练体操，为什么别的孩子下课以后可以回家，可以陪父母，而我必须要住在队里，然后要练很多，甚至有时候被打被罚，我为什么要经受这么多呢？

大概在2000年的时候，我跟我的父母第一次正式提出，我不想再练体操了，因为我觉得体操太苦了，我爸妈很吃惊，然后问我为什么，我就说我没有成绩，我练得很差，我学习成绩也不如以前好了，当时我爸我妈就告诉我，那你就去上学吧。我就选择了离开队里，我去上学，上了大概两个月以后，我又决定回来练体操，因为我已经完全不能融入那个学校的生活，觉得很累，而且我还会跟同学去打架，因为他们欺负我。其实我是一个自尊心很强的一个人，看到我爸我妈那种操心和无奈，我就觉得心里很难过，后来我就说，算了，我还是愿意回到体操队去训练，我宁愿不去看他们，不要看到我爸我妈那种操心，但是之后的路该怎么走呢？我也不太清楚。因为那时候我已经十七岁了，好多年轻的运动员，很早就进入国家队了，当时我也特别希望进入国家队，所以每一年国家队的选拔赛我都会去参加。

2001年，我特别有信心地去参加选拔赛，当时有很多很多小朋友集训一个月以后解散了，我就觉得特别有希望，可是当转年三月份开始宣布新的几个集训名单的时候并没有我，我当时就觉得挺失望的。命运就是这样，人生可能看似有很多很多的不完美，但是也许在往往不完美的时候，冥冥中又带有完美，往往事情没有你想象的那么糟糕。同年的七月，因为我们天津的一个运动员受伤被调回来，当时就让我去了，就这么一个偶然的机会，我就被送到国家队了。刚到国家队的时候，我就是属于待训运动员，就是不在任何正式的国家队的名单里面，我只有资格在这里训练。我们正常集训的运动员，最基本的尊重是不管他是十三四岁的小朋友还是十六七岁的青年，都会有一个在国家队全班会上站成一排，告诉大家我是陈一冰，我来自天津，我今年十几，然后我的理想是什么，大家都会互相认识，就会接纳你。而我去的时候，没有一个人认识我，我就跟一个空气似的，就像突然一粒沙子飘到了一个沙漠里面，宿舍的门牌上面都没有我的名字，其实我刚开始到国家队，我一点都不开心，我就觉得自尊心强烈受打击，而且因为家里经济条件的问题，我没有办法在星期天和小朋友一块出去玩，几乎每周末，我都会在房间里躺一天，然后看看书什么的，就是挺自卑的。

我当时的状态就是没有任何的奋斗目标，后来在一个访谈中，我说我特别喜欢喝仙踪林奶茶，就是那时大的运动员训练完了，说："走，晚上我们去喝仙踪林奶茶"。我就问："多少钱一杯？"他们说二十五一杯。我当时觉得这个对我来说就是一个天文数字，怎么会这么贵呢，我就想算了，我不去了，以后再去，有一天我也会轻轻松松喝上一杯仙踪林奶茶。当时我特别想回到天津队，虽然我没有成绩，但是我能过得很安逸。所谓的安逸就是说我不会觉得自尊心那么受打击，所以我当时就是强烈要求回到地方队训练。但是当时我的教练，包括我的父母都会来给我做心理工作，劝我不要放弃，他们说虽然你是待训，就好比你是一个借读生，你在清华北大上课一样，你有这个机会，可能是很多人都没有的机会，你不觉得你应该去奋斗去努力，然后哪怕到最后有一天你被淘汰以后，你至少问心无愧，是奋斗过才被刷下来的。其实这个心理过程大概持续了一年，后来我终于想通了，才意识到确实应该去珍惜这次机会。

我之所以那么感谢黄导，是因为当时黄玉斌教练跟带我的那个教练说这个运动员好好带，我觉得他挺努力的，以后会有出息。我当时很吃惊，我说为什么我会被注意。我就发了疯地练，每天我会比同年龄的、同组的、同一批的运动员多练半小时，多练一小时，就这么一年一年一年这么过。从刚开始没有成绩到后来全国比赛，我吊环能进前八名，然后转年下半年的时候，我能进到第七名、第六名，到后来我成为吊环冠军的时候，我从第八到第一，我都一步一步一步一步，每一年都有一个提升，我没有败给当时进国家队那个很自卑的很懦弱的陈一冰。

当我2006年成为世界冠军的时候，我觉得特别不可思议，因为我从来没有想过我有一天也会挂到我们这个世界冠军榜上，我终于告诉大家，陈一冰在这个国家队里的一个重要性。当2008年奥运会吊环落地夺得冠军以后，我觉得我的人生有了很大的改变，我每天努力，每天努力，我就想成为奥运冠军。当我成为奥运冠军的时候，我突然空了，我不知道我下一步该干什么了，那个时候我就觉得我可能不用再去训练，我去参加活动，我也会挣一些钱，我觉得挣钱也很容易，发现很多东西我都没有买过，我那个时候花钱特别厉害，就觉得自己突然间只有物质上膨胀了，内心其实并没有跟上。我其实都没有准备好，没有准备好做一个明星，很多东西我也不太会保护自己，包括大家所知道的我跟何雯娜恋情曝光，我也不知道为什么会被曝光，我也不知道为什么会被炒作，我更不知道炒作是什么，我当时单纯得现在想起来有些傻。

当我2009年世锦赛踏上比赛赛场的时候，我还是很有信心的，结果大家知道我2009年吊环预赛时脚挂环上了，决赛都没有进。采访的时候我就趴在护栏上哭了，当时我哭是因为我内心很脆弱，我觉得我输不起，我特别接受不了这种失败，我除了哭以外，我并没有努力，也许是老天告诉我，你这一年其实都没有努力，为什么你就会要一帆风顺呢？这个时候黄导就跟媒体说让我当下一任的中国体操队队长，当这个消息传到我耳朵的时候我很震惊，黄导需要我，证明队里也需要我，那我就坚持下来。当我当上队长以后，除了生活上管理他们，我还要在训练上努力去表现，我从开始的不安和无所适从，到后来成绩越来越好，而且我慢慢会当这个队长。

2012年伦敦奥运会，当我吊环得第二的时候，我心里确实没有做好准备，但是我觉得我人生做好准备了，我已经成熟了。我每长大一岁，伤病越来越多，我的体力也越来越不好，我要比年轻的运动员付出更多，我才有这个机会上场，我准备了很长很长时间，奔着自己这个吊环金牌去实现的时候，当那个结果不是我想要的时候，我觉得我不能像四年前那样我去趴在那儿哭，我觉得是更应该去经受一切考验，经受住这种挫折。当我能够正视面对这块银牌的时候，我只是觉得我，陈一冰，长大了，我跟四年前不一样了。银牌对我来说，一样能尊重我的付出，尊重我的努力，尊重一切我自己认为我对得起自己的事情，所以当我经历过这些以后，我觉得还是能坦然接受竞技场上第二，但人生场上一定要做自己的冠军，谢谢大家，谢谢同学们！

来源：《开讲啦》陈一冰演讲稿

道 错 的 歉

一个母亲和十来岁的孩子走在大街上，突然从旁边的街道上跑来一个孩子，他冲着母亲和孩子深鞠一躬，嘴里面说道："不好意思，是我错了，请求你们的谅解。"

莫名其妙地接受了一个陌生孩子的道歉，母亲有些糊涂。但很快地，她认为这个道歉的孩子可能是自己儿子的校友，可能他们在班里出现了误会，本能地，她对这个鞠躬的孩子说道："没事的，下次注意就好。"然后那个孩子像一溜烟一样消失在人群里。

远处，一个母亲模样的人在迎接自己的孩子，她似乎对孩子的表现十分满意。

这个叫玛丽的母亲十分惊讶，她问旁边的孩子波尔："他是你的同学吗？"

"不是呀，我根本不认识他。妈妈，你不认识他吗？可是，你接受了他的道歉。"

玛丽忽然间意识到这个问题很严重，他道错歉了，可能是他认错了人，更可怕的是，他可能是在敷衍自己的母亲，因为母亲在远方看着他向别人道歉。

波尔说道："这是很平常的事情，可能是误会吧，我们回家吧，我们还要准备午餐。"

"不，波尔，听我说，我们有两个错误：一是我们不该接受这个道歉，我们受之有愧，不是我们应该得到的，我们就不能要；二是他欺骗了自己的母亲，他是在完成任务，这种欺骗有时候是致命的，会影响这个孩子的成长。因此，我们要寻找这个孩子，你还记得他的模样吗？"

"是的，母亲，虽然速度快了点，但是，我记得清楚，他的嘴角长了一颗黑痣；另外，他的右腿有些残疾，看起来，他们家并不十分富裕。"

波尔与玛丽花了半个下午时间寻找那个道歉的孩子。工夫不负有心人，他们在难民窟的旁边，发现了那个眼神颇有些迷离的孩子，他也发现了他们。当他拔腿要跑时，波尔上前抓住了他瘦弱的胳膊。

波尔示意他不要动弹，说："我可练过拳击。"那个男孩子停止了挣扎。

他的母亲闻声跑了出来，那个窄小的厨房里，刚刚传出午饭的馨香。

玛丽讲明了自己的观点，这个叫哈里的母亲听完后，抬手就一记耳光，打得男孩一个趔趄："你竟然敢欺骗我，你昨天殴打的同学在哪里？告诉我。"

男孩讲明了事情的经过：他在大街上打了一个同学，哈里知道后，让他给这个被打的同学道歉。他本不情愿，结果就出现了开头时的闹剧，母亲躲在远处看，他随便找了个男孩子便道歉，母亲被欺骗了。

玛丽说道："这样的事情我们本会一走了之，可是，我们不该接受这个道歉。现在，最重要的是找到那个被打的孩子，然后将这个歉意还给他。还有，你不该骗自己的母亲，犯了错误的人要敢于承认错误。"

两个母亲，两个孩子，在午后的街市上游走。他们根据男孩提供的情况，找到了一群无家可归的孩子，他们此时正在计划着报复男孩，要让他们全家不得好死。两个母亲与一群孩子对峙着，那个被打的孩子叫弗里曼，他虎视眈眈地看着两个母亲。

玛丽讲述了整个事情的经过，哈里跟着补充，她们拉着男孩正式向弗里曼道歉，请求他的谅解。弗里曼不依不饶，说这根本不可能，他说自己有个伟大的计划，已经成立了黑社会组织，头一桩买卖就是要冲着男孩一家下手，然后便去抢超市、银行，可能还有美国的国会大厦。

这真是个危险的计划，玛丽义正辞严地说道："你们是在犯法，他已经知道错了，而且已经真诚地道歉了，你一定要写下保证书，不再危害他和整个社会。"

弗里曼领着几个孩子逃跑了，他们声嘶力竭地依然叫嚣着。

玛丽与哈里一商议，决定去寻找弗里曼的母亲，不然这个孩子就有可能堕落下去。

他们辗转大半夜时间，终于敲开了弗里曼的家门，床上躺着弗里曼生病的母亲，弗里曼正跪在床边。

就这样，三个母亲瓦解了一群孩子之间的危机，弗里曼的母亲决定将孩子送到父亲身边，由父亲来管教他。

一个道错的歉，竟然牵扯了这么多的逻辑关系。你看，这个世界看起来这样复杂，却又是如此简单，只要有真诚和爱，再复杂的事情也可以抽丝剥茧、迎刃而解。

在痛苦的世界尽力而为

抓住知识摆脱命运的束缚，他纵身跳出了农门；挣脱社会分层固化的捆绑，他弯道实现了超车；直面职场刺骨寒风的吹打，他艰难获得了新生；追赶市场经济发展的劲风，他过渡完成了转型。他是俞敏洪，新东方教育集团创始人。

尽管已经不断突破尘俗的视界，拓展出属于自己的生命价值，但他仍说，他自己始终无法摆脱恐惧带来的疼痛。所幸，他在恐惧的疼痛中，获得力量并变得强大。

他高唱着："黑夜伴着彷徨，前方迷雾漫长；行裹乱了，身体倦了，头依然高昂；别说世界太难，让我走给你看！"

因为他坚信：必须要在这痛苦的世界中，尽力而为！

一

时至今日，俞敏洪办公室的墙上，依然挂着一个大幅的

"风景照"，照片上是一片荒地和两间残破的瓦房，那是他位于江苏农村的老家。

俞敏洪说，每每抬头，照片都会提醒自己：今日的一切是多么来之不易！俞敏洪最初的恐惧，正来源于此。他出生在一个普通的农村家庭，他深切体会过什么叫"贫贱夫妻百事哀"。

他的父母经常吵架，有时候自己放学回家，一推门就正好看到父母在打架，而争吵的原因，不过是诸如柴米油盐的鸡毛蒜皮小事。

如果说，吵架拌嘴尚且能看作枯燥生活的调味剂，那在他两岁那年，哥哥的因病离世，则给他和他的家庭带来了更深层的巨变。从那之后，俞敏洪成了这个家唯一的希望。

10岁，他成了他们村上割草割得最多的孩子；14岁，他成了他们公社插秧比赛的第一名；16岁，他已经能开着手扶拖拉机下地干活；不过，正如他自己所说："因为农活儿干得太好了，才知道干农活儿没有任何前途。"

年少的俞敏洪，一直在寻找一个契机，他要摆脱在农村待一辈子的恐惧。

二

很多人都知道，俞敏洪毕业于北京大学；但也许并不知道，他曾经两度落榜。在那个经济不发达、民智未开的年代，"三战"高考确实需要十足的勇气。在这场"知识改变命运"的战役里，他需要感谢三个人：母亲、补习班老师以及他自己！

他说他想参加高考，母亲说"可以"；他说他想考第三次，母亲说"可以"；他说他一年什么农活都不干了，母亲说"可以"；他说他想去县里上补习班，母亲依然说"可以"。

当母亲为了找老师摔成一个"泥人"，俞敏洪清楚地知道：高考成了唯一的出路，他没有别的选择了。尽管母亲并没有什么文化，但时至今日，俞敏洪依然说："从她身上我学到了坚韧不拔的精神，是我的父母成就了我。"

从那之后，俞敏洪进入了一种拼命的状态：每天早上6点起床，晚上12点睡觉；上床之后，依然打着手电在被窝里做题；整整十个月时间，他分分秒秒都在奋斗。他说，人生如果不给自己回头看的时候，留下一些令自己热泪盈眶的日子，那生命就算是白过了！

最终，高考分数公布，他超过了北大分数线。填吗？他的目标只是地区师范大学而已；那时候，北京几乎是一个远到不能再远的地方；而北京大学，更是只在报纸上见过的传说。

感谢老师的坚持，他夺过俞敏洪的笔，在他的志愿栏上端端正正写下了：北京大学。从此，北大未名湖畔多了一个意气风发的少年。

三

所有人都会认为，跨进名校之后，一定是一个幸福的开始。然而，对于俞敏洪来说，那似乎是另一个痛苦的开端，甚至，差一点，这份痛苦就让他堕入深渊。

他是班上仅有的两个农村孩子之一，与城里的同学格格不入；他连普通话都不会说，张口就是蹩脚的方言；他曾经引以为傲的英语，更是一塌糊涂，在C班垫底；他没有文体特长，曾以为自己会的游泳，竟只是别人眼中的狗刨。

俞敏洪终于发现：原来你进北大，是会被别人看不起的。他只能拼命学习，想要用成绩让人高看一眼；然而，最终却让自己劳累过度，患上肺结核。

塞翁失马，焉知非福。一次危及生命的"吐血"生病，却意外让俞敏洪完成了对自己的救赎。他明白了，跟别人比，没有任何意义；他也明白了，进步是自己的事情，跟别人无关。在《朗读者》的舞台上，他甚至毫不顾忌形象地说："别人的好与坏，关你什么事！"

于是，他用一年时间读了200~300本自己喜欢的书；他用最聪明的方式完成了英语词汇的积累；当他不再关注别人，而是沉迷于自己的进步时，发生了量变到质变！

四年大学生活的最后，他拿到了留校任教的名额。未来的日子，他不仅有足够的时间读书和旅游，还完成了母亲的梦想：成为一个教书先生。

但正如俞敏洪自己所说的那样："生活，总是会无缘无故给我很多曲折。"北大任教的前两年，他再度感受到了恐惧和挣扎。他没有资历，更不懂教学法，所以他成了北大最惨的老师。究竟有多惨？一个班40个学生，最后只剩下3个，但是他不敢用点名"留"住学生，因为在北大，老师点名是对自己的不自信。

俞敏洪惊讶地发现：曾经读大学的时候，被同学们看不起；如今当了老师，竟然还会被学生们看不起。骨子里的坚持和不服输，让他决不能向困难低头。他去别的老师课堂上旁听，学习他们的教案；他在备课的时候积极跟学生交流，了解他们究竟想听什么；他认真研究教学法，让学生真正做到循序渐进；最后，神奇的事情再次发生。他一个班40个学生，最后有80个同学来听课。

我们常常说，一个人一辈子不可能有大的改变；俞敏洪却说，从自卑到自信，就是绝对的180°的改变，它是真的，让你变成了另外一个人。

四

上学，毕业，留校任教，俞敏洪的后半生仿佛已经安排妥当。可是，他不甘心，他想再次追求更有意义的事情。

他参加了托福考试，并取得663分的高分，却最终阴差阳错未能成行。但这次托福考试的经历，却给了他新的启发。他从北大辞职，投身到"下海经商"的浪潮中。所有人都以为他疯了，母亲甚至以性命相逼。

他但凡笃定的事情，绝不会轻言放弃。从北京中关村二小一间破旧的临建房起步，靠一张桌子、一把椅子、一块斑驳的黑板办学，他给别人的培训班打工取经，也沿街给自己的培训班贴过小广告，还曾为了员工陪着公安干掉了几瓶五粮液，抢救了5个小时，醒来之后，俞敏洪第一句话是："我不干了，我要关掉学校！"不过，那也就是说说而已。最后，他还是坚持了下来。

1993年，他正式创办新东方学校；2001年，他注册了"北京新东方教育科技集团"；2006年，新东方成为中国第一家在美国上市的培训机构；如今的新东方，已然是留学培训行业的"巨无霸"。而俞敏洪，也一跃成为"中国最富有的教师"，接受着大家对"留学教父"的顶礼膜拜。

只不过，他又有了新的痛苦，这份痛苦，来源于内心的追求：如何用所拥有的一切，来帮助年轻人的成长和发展？投资大学生创业项目，去全国各大高校演讲，著书立说给年轻人以启发……俞敏洪是这么说的，也是这样做的。

松柏之志，经霜犹茂。对于温室里的花朵来说，痛苦可能是灭顶之灾；但对于松柏来说，痛苦有可能就是莫大的财富。

正如俞敏洪在《朗读者》中说的那样：如果我们的努力，凝聚每一日，去实现自己的梦想，那散乱的日子，就将聚集成生命的永恒。

第二章

所谓天生不足都和自己有关

厄运未尝不是一种幸运

只有你能决定自己的厄运持续多久。痛苦就像一把刀子，握住刀柄，它是可以为我们服务的，而拿住刀刃，就会割破手。在苦闷的时候，不要自以为一切都完了，殊不知，一切还都要开始呢。

很多时候，厄运甚至就是一种幸运，就是一种难得的契机，因为它将你推到了不得不选择去走另一条路的境地，而当你一旦踏上了这一条新路，成功可能就在向你招手了。

麦吉是耶鲁大学戏剧学院毕业的美男子，23岁时因车祸失去了左腿之后，他依靠一条腿精彩地生活，成为全世界跑得最快的独腿长跑运动员。30岁时，厄运又至，他遭遇生命中第二次车祸，从医院出来时，他已经彻底绝望——一个四肢瘫痪的男人还有什么用处呢？

麦吉开始吸毒，自暴自弃，可是这不能拯救他。一个寂静的夜晚，痛苦的麦吉坐着轮椅来到阿里道，望着眼前宽阔的公路，忽然想起自己曾在这里跑过马拉松。前路还远，生命还长，他就这样把自己放逐？顿时，他惊醒过来，"四肢瘫痪是无法改变的事实，我只能选择好好活下去！我才33岁，仍然还有希望。"

麦吉坚定意志，开始了他的精彩人生。现在，他正在攻读神学博士学位，并且一直帮助困苦的人解决各种心理问题，他以乐观的笑容，给那些逆境中的人们送去温暖和光明。麦吉做了最大的努力，无愧于人生。

也许你难以相信，芸芸众生中最大的失败者往往是那些幸运儿——出身富裕、衣食无忧的孩子。优越的生活和百依百顺的父母，使他们形成这样一个意识：世界是为他们造的。稍有事情不顺心，他们就抱怨、仇恨，或者出走，或者犯罪，甚至选择极端的方式——自杀，放弃整个世界。只因为弦出了点问题，有些磨损，拉出的音不是那么和谐，他们便马上认为自己的小提琴坏了。我们不能责怪那些被宠坏的孩子，太优越的一切让他们连动手剥水果皮的能力都丧失了。命运给他们的是一只芬芳四溢的橘子，但是他们连皮都不屑剥开，于是他们咬到的只是橘子皮，又苦又涩。

奇怪的是，在那些大报小报中，很少见到贫困的孩子因为青春期的叛逆，或因为一些小小的琐事离家出走。这些生来就不太幸运的孩子，知道怎样靠自己争取自己的一切，根本没有时间抱怨和歇斯底里。命运给他们的是一只样子好丑的柠檬，而且里面是酸的。他们乐观地说："我会把它做成柠檬水，在里面加些蜂蜜，真是太好了。"

没有一个人命里注定要过一种失败的生活！也没有一个人命里注定要过一帆风顺的生活！然而，机会是要靠自己去探索寻求，去把握选择，去牢牢地抓住。

摘自：孙郡锴《将来的你，一定会感谢现在微笑的自己》

请别轻易评价别人

我们生活在不同的世界，你生活在一艘豪华的大船上，船上什么都有，有一辈子喝不完的美酒，还有许多跟你一样幸运登船的人。

而我抓着一块浮木努力漂啊漂，海浪一波一波拍过来，怎么躲也躲不掉，随时都有被淹死的危险，还要担惊受怕有没有鲨鱼经过。

你还问我：为什么不抽空看看海上美丽的风景？

人和人之间，有太多的不同，这构成了世界的多样性，同时也产生了不少误解和偏见。

在你眼中轻而易举的小事，可能是我费尽心力也无法达到的奢望。

我们总是渴望遇见懂自己的人，渴望能和在乎的人产生"情绪共鸣"和"频率共振"，但是世界上没有那么多的感同身受，毕竟别人终究不是你，性格和经历的差异，让相互的了解和沟通有了距离。

很多时候，你以为自己已经很熟悉对方，其实那只是你的想象，别总站在自己的角度去评价别人，那些你认为的"事实"，不一定真的就是客观存在。

不知从什么时候开始，很多人的认知变成非黑即白，以偏概全，完全以自我为中心，不能理解和尊重与自己不一样的价值观和生活方式。

有人选择创业打拼，就会有人说他不安守本分；有人中意稳定的工作，就会有人说他成不了大事。

有人早婚，就会被说没有事业心；有人为爱远走高飞，就会被说不孝；有人不婚，就会被怀疑精神是否出了问题。

我们的耳边也常常听到这些话：

他能在好单位工作，一定靠关系；

她每天都打扮得漂亮，一定想吸引谁；

他不喜欢社交应酬，一定不懂配合人；

她年纪轻轻就开豪车，偷偷傍大款了吧；

她向往云淡风轻的生活，真是个没进取心的姑娘……

别人过得好或坏，其实和你并没有多大关系。人言可畏，有时候，一句随口的评价就会对别人造成伤害。

不轻易评价别人，是一种修养，也是一个人成熟的重要标志之一。

每个人的背后都有一些不为人知的故事和心事，别轻易评价别人，得知真实的答案后，你可能会大吃一惊。

每个人都是独一无二的存在，都有自己的生活和追求，都有选择的权利，都值得被尊重，这样生活的样貌才能千姿百态，才会更丰富有趣。

每件事都有它相应的原因，不要轻易推测，更别轻易评价。

同样的行为背后，可能会有1000种不同的行为动机。每一个不可理喻的行为身后，都潜藏着一个不被理解的需求。

世上的人那么多，真正了解你的人又有多少。

愿你能遇见那位真心懂你的人，看出你故作坚强的心酸，看穿你毫不在意背后的良苦用心，给你精神上的慰藉，帮你找到人生前进的方向。

也愿你能真心体谅他人的处境，理解对方的辛苦和难以言喻的忧伤。

人生不易，请别轻易评价别人。

来源：搜狐网

出售欲望的孩子

卡尔从小无父无母，祖母将他拉扯长大，他从小养成了一种偏激执拗的性格，加上祖母对他的宠爱，使得他平日里活像个社会上的小混混，在方圆几个社区里，没有人愿意招惹他。

在一次偶然的喝酒事件中，他爱上了抢劫。他虽然只有13岁，但他的个头足以支配他的力量了，他轻而易举地从一位妇女手中抢走她的挎包，里面大约有几百美元的现金。

有了第一次的成功后，他欲罢不能，校园里到处传扬着他的恶行。校长，还有他的老师对他很是头疼，不知道如何处理这个没有完全民事行为能力的学生。

事情越演越烈，他的欲望也愈发膨胀起来。在校园里，他成了黑社会的老大，拉帮结派，唯我独尊，公开旷课，甚至盗走女学生的生活用品。

被驱逐出了校园后，他才感觉到自己的行为损害了自己的名誉，还有祖母的尊严。他想回家向祖母承认错误，但他没有这个勇气，想到她苍老的面庞后，他觉得无地自容。

走在匆忙的人群中，他的眼睛瞄见了一个小个子的老者，他的钱包无意中露在了口袋的外面。天赐良机，手中空空如也的卡尔欲望顿时又占据了上风。他跟随着老者，走街串巷，终于，老者走疲倦了，艰难地坐在地板上休息。

卡尔的黑手伸向了老人，只是在一刹那间，老人的皮包就落到了卡尔的手中。

卡尔本来是这样设想的：拿到钱包后，冲着老人扮一个鬼脸，然后就逃之夭夭。

但他遭到了强有力的反抗，老人的手像一把钳子一样抓住了他的手，卡尔看到了一张狰狞的脸，可怕的脸。老人什么也不说，反身将他塞进了身后的小屋里。

老人问他："说吧，怎么办？是送警察局还是私了？"

"别送警察局了，丢面子。"卡尔的脸一直看着地面。

"那好吧，看来你是个惯犯，有这样的本事也算是了不起。我有个孙子，很想学会这一招，你将欲望和技能卖给他吧。"话音刚落，一个年轻人推门走了进来。

"他叫奇里，你现在将你所有的技术传给他，但你记住，以后你永远不准再有这样的欲望和行为了，否则你就侵了权，这也是对你的一种惩罚，我如果发现你再做坏事，就会将你扭送至警察局和专利局，因为你同时犯了两大罪，要受到严厉的制裁。"

老人说话斩钉截铁，容不得卡尔不同意。老人拿了一张协议书，协议书的题头写着："出售欲望协议书"，内容卡尔看懂了，与老人所述一样。老人拿着他的手，狞笑着让他摁了手印。

卡尔出来时，感到一阵恐惧和失望，他想到刚才老人的脸，还有他的双手，还有那张可怕的协议书。

卡尔回到家时，祖母正与老师坐在一起，看到祖母向老师求情的表情，卡尔失声痛哭起来，他发誓再也不做对不起祖母的事，同时，他也不敢做了，因为他已经失去了做坏事的"版权"。

他回到学校后，解散了"坏蛋组织"，一心一意地想做个好孩子。当他的欲望侵袭他时，他在人群中恍惚看到了那个老人的脸，他不敢动手，害怕他报复，将他塞进那个小黑屋。

卡尔考上高中后，身上的臭毛病已经彻底改掉了，祖母也年迈多病，无力照顾他。他学会了自立，每天帮助祖母打扫房间、做饭，邻居们都夸他变成了一个懂事的孩子。

那天，他正在侍弄庭院里的花草时，一位老人推开了他家的院门。卡尔本想上前去询问，可他认出了那张可怕的脸、狰狞的脸，正是那个老者。

坏了，他一定是想将以前的事告诉病中的祖母，无论如何都不能让他得逞，否则祖母的病会雪上加霜。他这样想着时，老人走了过来，脸上却荡漾着慈祥，不再有原来的狰狞，他摸着卡尔的额头，开心地问道："你的奶奶呢？"

"她不在家里，出去了，我知道你过来做什么。你不能这样做，这样对待一位病中的老人，你于心何忍？"卡尔正颜厉色地说。

"哟，学会保护奶奶了，好孩子，我是来看你奶奶的，这不，牛奶、鲜花。"老人说着，指了指自己手中的袋子。

原来他认识奶奶，卡尔放松了警惕。

老人步入屋里，屋内传来了奶奶与老人开心的对话声，卡尔偷听他们的谈话，当听到一半时，他禁不住潸然泪下。

祖母早就知道了他的劣行，她没有张扬，而是与这位好友一起，用一种别出心裁的方式改掉了卡尔的毛病，这样做，既彻底解决问题，又不让他失去人格和尊严。

这个出售欲望的孩子，当晚在日记中这样写道："欲望是可以出售的，但亲情和尊严永远不能。"

摘自：古保祥《杯记得茶的香》

可以慢，但不能停

大二时，我被分配到新生班级给辅导员帮忙。

我第一次注意到学妹，是因为新生中秋晚会。她走到讲台上，很用力地介绍："我叫×××，来自甘肃会宁。能来上大学我很开心，不过我挺想家的……"

那时她有些微胖，脸色偏黄，短发，戴眼镜，深情得有些不自然，说完就主动隐匿到角落里。

我隐隐觉得她与别的学生不同。看她神情难过，我忍不住叫住她，让她跟我去宿舍聊聊。

那一天学妹告诉我，她家有四个孩子，父母老实本分，一辈子勤勤恳恳地过日子，种地、做工、放羊、喂猪，供养他们念书。姐姐已经出嫁，妹妹在读大专，弟弟快升高中了，她是家里不太赞成上大学的那个，父母渐渐老了，想将她留在身边，毕业了，找份安稳的工作，也能随时看顾家里。但学妹不想那样过一辈子，她想去看看外面的世界。

父亲无力支持的学费，成了牵绊她走远的障碍，但她并未妥协。入学前的暑假，学妹一直在饭店里打工挣钱。一天十小时，上菜、撤桌、招呼客人，忙得昏天黑地。

她指着手掌上刚刚要结痂的几个地方跟我说："端盘子也磨手心，刚出泡的时候，我拿针挑破了，里面的水儿一出来，肉接触到空气挺疼的。"

两个月，赚了4500块钱。她一天也没有休息，又一个人拿着录取通知书去教育局申请助学贷款。她心里憋着一口气，就想出去看看，哪怕就一眼。

但刚入学第一个月，学妹就有点迷茫了。她觉得自己和周围的世界有些脱节。她不知道宿舍姑娘说的服装、化妆品品牌，也不知道最新最火的游戏、动漫，她不知道怎么融入其中。

我听着学妹的叙述，有些动容，找出纸和笔，对她说："你写出想做的事情，一件一件实现它们。记住，不要去跟随别人，最重要的是找到自己的节奏。"

她趴在我书桌上开始写字，并跟我说："学姐，大学期间我要拿奖学金、赚生活费、买电脑，还要坚持写东西。"我看着她笑了笑，知道她已经好了许多。

为了实现想做的事情，学妹的生活开始忙碌起来。周末去兼职，做过家教，发过传单，还做过推销员。有次在去食堂的路上碰见她，看她比入学那会儿黑了、瘦了，但脸上多了一份从容。

大学的时间过得很快，期终考试很快到来。她成绩排名年级前三，很顺利地申请到了当年的国家级奖学金。

寒假之前见她，她已经联系好了一家韩国烤肉店去当服务员。她笑着对我说："寒假时间挺长的，我想赚点钱，给爸妈和弟弟妹妹买点东西再回家。"

我知道，我永远没有办法体会学妹的生活。她来自全国最贫困的县区，需要自己负担学费和生活费，回家之后还要帮家人劳动，洗衣做饭，放羊喂鸡，打扫院子。但对于生活的辛劳，她从不抱怨，只是说自己终于可以自食其力，她要让家里的日子好起来。

后来，我去北京实习，渐渐少了学妹的消息，偶尔回学校才能再见她一面。她已经越变越好，虽然又瘦了，但气色不错，打扮入时。我为她感到高兴。

她说："学姐，大学最后一年我要去房地产公司实习。"

我有些疑惑，问："你不是想做记者吗？"

她眼圈微红，停了一会儿，说："家里情况不太好，有一些借款需要还。弟弟妹妹也需要花钱。我想先去房地产公司赚些钱，帮帮家里。尽了责任，再想自己。"

我心里微酸，有些心疼她。学妹明明和我差不多的年纪，却不能在最好的年华去放纵追逐自己想要的东西。梦想，对她来讲是一件昂贵的奢侈品。

我没有立场否定她的选择，只能在她需要时伸出援手。

2014年年末，学妹突然打电话给我。她激动地说："学姐，我终于攒够钱了，还清了家里三万多的外债和助学贷款，也供得起弟弟妹妹的生活费。我决定辞职，明年就找跟新闻有关的工作。学姐，你能给我推荐一下工作方向吗？"

听到这个消息我比她还高兴。这些钱对刚毕业的学妹来说，并不是小数目。她是加了多少班，拼了多少力才做到的啊！

学妹回家前我们见了一面。从车站见到她，我有些惊喜。那天学妹穿着一件乳白色的羽毛棉服，头发已经扎起来，很精神，面带笑意，出了站就上前抱我。那天我们聊到很晚，凌晨才睡去。她躺在我身边，睡得那么好。也许，是因为她知道，她有不用惧怕未来的能力。

没几天，我接到了学妹的电话，她说去报社实习的事儿得朝后推一推。"母亲的膝盖受伤了，劳损，大概需要动手术，需要人照顾。弟弟明年高考，也需要我辅导一段时间。"

我听她说完心里有些难受。学妹也有自己的人生要过啊！她很自然地对我说："学姐，再过半年我就能做自己想做的事儿了。你知道我有多么羡慕你吗？你想去西藏，努力赚够路费就行，但我还要考虑下学期的生活；你想去北京做杂志，连老师推荐的报社实习都可以推掉，立刻赶去北京，我实习还得想想家里。但我一点儿都不嫉妒你，因为我知道，只要自己努力，接下来的日子我也可以像你们一样。"

她说得我热泪盈眶，隔着电话痛哭起来。

西北的风沙，吹过她干瘪的家境，但给了她丰盈而坚韧的精神，那些经受过的苦难，使她变得坚强而独立。

家庭的背景不会阻碍你努力的程度，自身的相貌不能决定你变好的决心，只要你愿意努力，总有一条路可以到达你想去的远方，成为你想成为的自己。

我知道学妹会越来越好。

摘自：《雪花》

一位芭蕾舞者的自我修行

有人说，谭元元的出现，呈现了《朗读者》两季以来最美的一段"朗读"。

如果说芭蕾是世界上最优雅高贵的舞蹈艺术，而谭元元，就是国际芭蕾舞坛最耀眼的那颗明珠。毫无疑问，谭元元的优雅舞姿，是跳跃在字里行间最美妙的注脚。

而这段舞蹈，险些一度未能达成。出于保护脚的需要，她近些年来都没有在舞团以外的场合跳舞了，哪怕只有几个动作。专业的舞者不会在硬地板上跳舞——这样脚部会有受伤的风险——而脚，对于一个芭蕾舞者来说比脸还要重要。

为此，我们紧急联系了跟她合作颇多的国内道具公司，特意在棚内铺设了专业级地胶，才达成了这一次的呈现。

这是一个舞者的坚持，这种坚持背后，更是像僧侣一般几十年如一日的修行和坚守。极致美的背后，是像苦行僧一般的自律。

1.67米的个子，体重只有47公斤。她跳舞近30年来，一直保持这个体重，而跳舞前她不能吃饭。

每到一个城市，第一件事就是找练功房。连旅游都不放过。她说："因为歇一天，自己知道，歇两天，老师知道，歇三天，观众就会知道，脚就会打滑，站不稳。"舞蹈最辛苦的不是做动作，而是日复一日，重复做着已经做过无数次的动作。

她去过很多个城市，却没有办法看当地的风光，绝对不会爬山、野营、打网球或者是骑马。就算出去散步，也要注意避免过硬的水泥地和石板路，不仅要穿平底鞋，也不能走得太远。喜欢甜食和一切美味，为了要保持身材不能多吃。

作为一名美的创造者，她从没穿过露脚趾的凉鞋或者高跟鞋，因为长期练舞，她的双脚已经严重变形。她早已习惯了与伤病为伍，身上每一道疤都见证了那些最难的日子。身上的十几处伤中包括：骨裂，胯骨错位，腰椎间盘突出，腿上还有三处骨折的伤痕，右脚立骨变形。有一年夏天，由于脚趾甲开裂，流血，缠上纱布再跳，舞鞋最后粘在纱布上，连皮带肉一起扯下来。这对于没有练过舞的女孩子来说，这个过程简直难以想象。

她在演出《吉赛尔》时，因为用力过猛而使胯骨脱臼，这是一次可能断送职业舞蹈生涯的伤病，医生也提不出有效的解决办法，谭元元凭着意志力，一边翻阅在圣玛丽学院学过的解剖学和骨科学的书，一边康复练习，开始恢复芭蕾基本功。她说，"没有谁比自己更了解自己的身体。"就这样，通过研究人体骨骼、肌肉的结构和运动原理，结合自身寻找最恰当的发力点和支撑点，硬是慢慢恢复，重返舞台。这个女人，挺狠。如果不是强大的意志力和自律性，普通人很难撑下来。这简直是一个奇迹。

阿兰德波顿曾说："众多美的事物正是在跟痛苦的对话中获得它们的价值。""我向往的自由，是通过勤奋和努力实现更广阔的人生。"这是山本耀司的名言。而谭元元对我们说："要当一个舞蹈家或者艺术家，你必须像一个僧侣一样修行。"

这好像是通往成功的密钥。其实想想，世界上的真理也就这么几条，但是真正能做到的，只是寥寥数人。

所以越往上，越是路广人稀。自律的人，终与孤独相伴。

"我都没有童年，因为我11岁进舞蹈学校，我就天天在训练，都说你的童年最好的记忆是什么？我说练功房。我只记得练功房，然后汗水泪水，脚尖鞋，还有血水。"

练功房、剧院、家三点一线的生活一直延续到现在，日复一日，年复一年。掌声过后，喧嚣散场，每天从舞团到家的那条路，独自走了二十年；从18岁只身来到美国，三年之内跳到舞团首席，那个时候远离家人、语言不通、还被孤立，没朋友；现在跳到41岁，依然是舞团首席，身上练功的酸痛恢复大大不如以前，照镜子会额外注意身体的线条……想想，这条路都充满了难以言说的孤独。

"如果没有对这个艺术的爱，你天天就等于是自己折磨自己，真的是自虐狂，就像一个苦行僧。"

既然选择了芭蕾，孤独，仿佛就是宿命。

"在舞台上，我不是拿出100%的努力，而是拿出120%的努力。有时我甚至感觉为什么我要对自己如此严苛？但一切就是这样自然而然，甚至在我想退而求其次的时候，竟然发现自己做不到。"

采访期间，谭元元还跟我们分享了一位前辈的故事。一生传奇的舞蹈家玛莎·葛兰姆，20世纪70年代初，年过七旬的她决定退出舞蹈界，但很快，她发现这是一个灾难性的选择。"当你看着自己创建了30多年的，并且深爱的舞团，却要头也不回地走开，不能沉迷或回忆，简直如坠地狱。"葛兰姆曾说，停止跳舞让她失去了求生的意志，她独自一人在家酗酒，食欲大减，身体状况一落千丈。在医院住院期间，她几乎都处于昏迷状态，甚至企图自杀。

1972年，戒了酒的葛兰姆重返舞团，恢复了令人吃惊的活力，并继续编创十多个作品，直至1990年最后一部作品《Maple Leaf Rag》。在她漫长的96年的生命历程中，舞蹈成为她唯一的信仰。

"一个舞者会死两次，第一次是一旦他们停止跳舞，这是第一次死亡，也是最痛苦的一次死亡。"

芭蕾艺术的极致和残酷，铸就了它在舞台上与众不同的生命力。

谭元元深以为然。芭蕾，也已成为她终身的情感寄托。当这样一名充满魅力的女性对你说出"成就伴随而来的也有牺牲，我牺牲了个人生活，舞台意味着我的全部"，那一刻，我突然理解了，为何每一次谭元元跳《小美人鱼》都会泪流满面，甚至在《朗读者》的舞台上，读到《海的女儿》童话，还是会哽咽。那是一种纯粹，为了爱可以奉献一切的精神，她和小美人鱼早已融为一体。

此前，作为观众的我，看到了她举手投足之间延伸出来的一种精妙美感，她在舞台上的任何动作，都能构成一幅漂亮的几何图。轻盈纤弱，仿佛自带光环。

而这次，与谭元元深度接触之后，我却看到了这种轻盈背后，是几十年如一日地用自律打底的扎实基础；纤弱背后，是堪比运动员的强大精神和坚韧。

除了欣赏，更多了一份恍然和敬意。

作为美国旧金山芭蕾舞团唯一的华裔首席舞者，谭元元早已成为登上《时代》周刊封面的"亚洲英雄"，并荣获"影响世界华人终身成就奖"。在2018年4月9日，更喜闻她荣获旧金山市长艺术奖，而这一天也被命名为"旧金山市的谭元元日"。

她的名字早已写满了荣耀，作为那一代人最伟大的芭蕾舞女演员之一，她以创纪录的速度迈向了事业的巅峰。可直到现在，她在演出季平均每天要工作13个小时，每周要跳坏四五双芭蕾鞋，每年还要在全世界跳上一百多场演出。而她已过不惑之年，跟她19年的舞伴早已退役，她说自己只要一推开练功房的门，就停不下来了。

这个世界，永远不会辜负极度自律的人。

《朗读者》谭元元《海的女儿》

你的努力，要配得上你的年纪

人生就是苦熬。你以为过不去的坎，再坚持一下，就会看到另一片风景。

微博上看到这样一段话，一位80岁高龄的老奶奶说：

"年轻时你不去旅行，不去冒险，不去拼一份奖学金，不过没试过的生活，整天刷着微博、逛着淘宝、玩着网游，干着我80岁都能做的事，你要青春干吗？"

说得真好。如果年轻时就追求安逸舒适，不去突破极限挑战自己，年纪大的时候我们又有什么资格享受生活呢。

你的努力，要配得上你的年纪。

——

表妹带的高三班，这次高考满堂红，全班无一例外都考上了本科，还有好几个拿到了名校的通知书。她因此得到了学校奖励的一笔丰厚奖金，职务也提升了。

很多人都去祝贺她，夸她能干。表妹低调地说，哪有那么厉害，就是死撑着，再难也没想过放弃。她带的班从高一开始，就是全年级基础最差的混合班，学校里最调皮难搞的学生都在她班上。她除了要管学习，还得操心纪律，对付那几个早恋和沉迷于电子游戏的熊孩子。教学之外，同时要忙于培训写科研论文，熬夜备课改试卷是家常便饭。尤其是高三这一年下来，她瘦了有七八斤。因为一心忙于工作，每天早出晚归，家里顾不上太多，周末只能休息一天，还常常得去做家访。她的婆婆对此颇有微词，抱怨表妹只想着工作忘了家，"就是个死脑筋，这个工作能挣多少钱啊，值得你那么拼命！"

"但世上哪一份工作是容易的呢？在自己最能拼的时候不投入不付出，以后只会留下遗憾，对不起自己，也对不住学生啊！"表妹说。她的辛苦付出，除了得不到家人的理解，有个别学生家长有时也会因为成见和短视不配合表妹的工作，让她颇为头痛。但这些，她都一个人默默承受下来了，面对不理解和委屈，她的选择是不顾他人眼光，坚持到底。

泼冷水是旁人的自由，坚持下去则是你的自由。那些成功的人，最初不一定就是最优秀的人，但一定都是坚持走下去的人。人生很多时候没有那么多道理可言，挺住，就意味着一切。

二

沙粒进入蚌体内，蚌觉得不舒服，但又无法把沙粒排出。好在蚌不怨天尤人，而是逐步用体内营养把沙包围起来，慢慢地这沙粒就变成了美丽的珍珠。

人生不如意事十之八九。如果我们能像蚌那样，设法适应，以"蚌"的肚量去包容一切不如意的境遇，那么，困境也可以成为转机。

一个曾做过销售的朋友，说起过他多年前的一段经历：有一年年关将至时，他丢了一个大单子。跟了大半年的大客户，被竞争对手撬了墙角。而他下半年的主要业绩就靠这个单子了。况且当时，他背负着房贷，母亲有慢性病，常年需要服用进口药物，到处都要用钱。一下子失去了一大笔经济来源，他心灰意冷，不知道该怎么渡过眼下的难关了。他的妻子却没有一句责备，反而安慰他："多大点事儿呀，大不了以后阳春面一人一碗呗。"他咬咬牙，重拾信心。过年时还到外地跑客户找资源。生活上，两个人省吃俭用。找朋友借钱周转了几个月的房贷，过了最寒酸的一个春节，算是熬过了寒冬期。开春后，他继续重整旗鼓，主动申请到另一个城市去开辟新市场，将异地当成了大半个家，忙得昏天暗地。最后努力没有白费，他的新业务蒸蒸日上，不仅打通了客户关系，自己也慢慢积累了业内资源，开始创业。如今他的企业发展势头很好，但他还是很踏实地工作，也常常以自己的亲身经历告诫自己的员工："人生就是苦熬。你以为过不去的坎，再坚持一下，就会看到另一片风景。"

三

没有谁的人生是一帆风顺的，更没有谁天生就是上帝的宠儿，永远都能过着不劳而获的生活。有时候，我们距离成功，只需要一个转角的距离。但是多少人，却在那个转角之前，自己选择了放弃。

电影《中国合伙人》里有一句台词说："成功路上最心酸的是要耐得住寂寞、熬得住孤独，总有那么一段路是你一个人在走。也许这个过程要持续很久，但如果你挺过去了，最后的成功就属于你。"

人生难免有挫折，也不可能没有挫折。挫折只会吓退软弱的人，真正的强者会越挫越勇，将苦难的岁月一点点熬成甘甜的果实。有时候经历得越多，才会明白在这个世界上，总有几样东西，是别人拿不走的，比如，你读过的书、看过的风景，更包括你那些曾经被嘲笑的梦想。

只要你的力气用对了地方，它们终会融入你的血液与身体，变成谁也夺不走的力量。

来源：搜狐网

感谢从不放弃的自己

这个夏天，以707分考上北大的河北枣强女孩王心仪，那篇关于乐观和不屈、贫困与感恩的文章，看哭了全国人民。

这篇文章中，18岁的女孩以平实朴素的笔墨，讲述了自己亲历的病患和苦难、卑微和迷茫，也记录了自己扎根的家庭和父母、亲情和泥土：

我出生在河北枣强县枣强镇新村。枣强县是河北省贫困县，人均收入极低。我有两个弟弟，大弟弟和我一起就读于枣强中学，小弟弟还在上幼儿园。一家人的生活仅靠着两亩贫瘠的土地和父亲打工微薄的收入。

第一次直面贫穷和生活的真相，是在八岁那年，姥姥被诊断为乳腺癌。姥姥的离世，让幼小的我第一次感到被贫困扼住了喉咙，我也开始明白：谈钱世俗么？不，并不是的，它给予我们最基本的生活保障，也让我们尽可能去留住那些珍爱的人和物。

记得初一一个男生很过分地嘲弄我身上那件袖子长出一截的"土得掉渣"的棉袄，我哭着回家给妈妈说，她只说了一句："不要理他，踏实做事就好。"那件衣服我穿了三年，那句话我也记到现在。

升到三年级，只能到乡里的学校，乡里学校的伙食费实在太贵，妈妈又心疼正在长身体的我们，就坚持每天接送。记得一次下大雪，雪积了一尺厚，自行车出不了门，妈妈裹着棉袄，顶着风，走到学校来接我们，一路上也不知道有多少雪融化在妈妈的脸上。但我和弟弟兴奋得不得了，一边玩雪，一边和妈妈说着今天学到的新知识。我们三人就这样一直走到天黑才到家。

我的童年可能少了动画片，但我可以和妈妈一起去捉虫子回来喂鸡，等着第二天美味的鸡蛋；我的世界可能没有芭比娃娃，但我可以去郁香的麦田，在大人浇地时偷偷玩水；我的闲暇时光少了零食的陪伴，但我可以和弟弟做伴，爬上屋后高高的桑葚树，摘下红色的果子，倚在树枝上满足地品尝。

农民们都知道，播种的时候将种子埋在地里后要重重地踩上一脚。第一次去播种，我也很奇怪，踩得这么结实，苗怎么还能破土而出？可妈妈告诉我，土松，反而会出不来，破土之前遇见坚实的土壤，苗才能茁壮成长。长大后，当我再回忆起这些话来，才知道自己也正是如此。

贫困的家庭，患病的老人，缴不起的学费，穿亲戚家的旧衣服，同学鄙夷的目光，但也有雨雪过后的泥土清香，丰收在望的粮田金黄，父母眼中的殷切希望，亲情相依的珍贵时光……

这篇文章中那些裹着泥土和芬芳、眼泪和欢笑的故事，不仅仅属于王心仪，也属于所有出身底层的孩子。

不同的是，由于教养和心态、父母和思维的差异，穷人家的孩子只有极少数人能成长为王心仪，更多人却沦为被贫困捆住手脚的甲乙丙。

我年少时生活在落后农村，工作后见识了底层的艰辛。

虽然，我没有考上北大，但王心仪文字深处那从艰辛日子里淌出来的山泉般的清澄和明亮，还是让我看见了自己，也坚定了如下认知：比起点低更可怕的，是不敢追。

"我家这么穷，还是算了吧。"生活中，这是挂在很多穷人嘴边的口头禅。

因为穷，不敢读高中，去读了技校；因为穷，胡乱报志愿，错过好学校；因为穷，放弃去面试，错失更高平台；甚至因为穷，赶走喜欢的人，潦草地结婚……直到有一天，放弃一切还是穷，你才明白：穷，一直是借口。懦弱，才是你不敢面对的灵魂。

穷人家的孩子，命运给你一个比别人低的起点，并不是让你躺在坑里做井底之蛙，而是想让你用一生的反击，书写出一个跳出井口后饱满丰富的人生。

自卑并非别人看不起，而是穷人自我的嫌弃。"因为出身贫寒，我一直都很自卑。"据观察，这是我接听情感热线时听到概率最高的一句话。

你是农村人，别人是城里人，你自卑；你穿着老土，别人穿得新潮，你自卑；你没有特长，别人才艺出众，你自卑；你人缘不好，别人左右逢源，你自卑……直到有一天，你放弃所有尝试依然自卑得抬不起头，才不得不承认：自卑，不是别人眼光的诅咒，而是你给自己戴上的镣铐。

穷人家的孩子，你只有用努力和坚持合铸的铁锤，一点点砸开自卑无形而沉重的枷锁，自信和阳光才会在你的肩头舞动翅膀。

抱怨父母是容易的，难的是超越他们。"父母经常为钱争吵，给我带来极大的心理阴影。"这句话，想必很多出身底层的孩子都熟悉。父母生活粗粝，沉默寡言，不擅沟通；父母感情不好，经常争吵，鸡飞狗跳；父母没有眼光，能力欠缺，不能帮你；甚至，父母年迈之后，帮你带娃，还一身毛病……当你在一地鸡毛中重复父母的命运时，才恍然大悟：这世上没有完美的父母，只有接纳父母不够好、依旧努力向上的孩子。

穷人家的孩子，那些从不成长的人，才把所有过错都甩给原生家庭背锅。那些敢于拼搏的人，会懂得用一个人的努力带动一个家的风生水起。

不要痛恨疾苦，它带你更接近幸福。"我想逃离这样的出身，觉得自己特别无助。"这一句，在很多悲观而沉重的自述中一找一个准儿。你体验过缴不起学费，名字上黑名单的屈辱；你见证过看不起病，放弃治疗的绝望；你亲历过吃不饱饭，猛喝开水充饥的辛酸；你也目睹过放假时，别人被私家车接走，而你在火车上站了三天三夜才到家的落魄……所以，你长大后，才要加班加点，精进自己，拼命挣钱，买车买房，累成一只狗却不流一滴泪。因为，那些见识过疾苦的人更能触摸幸福：它并非每天歌舞升平，而是一直心怀热望地走在路上。

穷人家的孩子，真正慈悲的人，是把曾经受过的所有伤，都当铠甲穿在身上，然后抵达更远更美的地方。

不要感谢贫穷，谢谢从不放弃的自己。"要是没有当年的贫穷，也就没有我今天的一切。"这句台词，是很多成功人士的幌子，因为它具有欺骗性。如果上帝安排，每个人在出生前，都可以选择出身，估计没有人放弃富足优渥的家庭，而选择贫困无助的童年。贫穷不是值得感恩的对象，而是无法选择的选择。磨难不是需要铭记的过去，而是没有退路的接受。每个原来曾经很穷、如今很棒的人，都该拥有这样的认知：不必去讴歌和美化苦难，但需要拥抱和热爱自己。

穷人家的孩子，感谢坚持不懈的你自己，这样你才会看见自我的珍贵，相信奋斗的价值，创造出更多的奇迹。

幸运只是刚刚开始，坚持才是漫漫长路。"你考上好大学，就不用吃苦了。"这句话，是我们小时候听过的最多的教诲。但考上好大学后，你会发现，想门门优秀是很难的；大学毕业后，你会发现，想找份称心的工作是很难的；工作后，你会发现，想立足社会是很难的；成家后，你会发现，想过上安稳日子是很难的；买房买车后，你依旧会发现，想随心生活是很难的。为什么？因为你长到一定年纪，你终究看透：吃苦，不是小时候的必备，而是成人后的标配。

穷人家的孩子，所谓人生，并不是文人骚客常说的岁月静好，而是你一直负重前行后，历经的酸甜苦辣，尝遍的泪笑歌哭，并坦荡地说出的那句"不后悔"。

对于所有出身底层的人来说，最大的原罪，并不是"我很穷"，而是"我不配"。

对于那些逆袭成功的人来说，最好的褒奖，并不是"你幸运"，而是"你努力"。

来源：搜狐网

人生是条河，深浅都要过

人生是条无名的河，是深是浅都要过。人生是杯无色的茶，是苦是甜都要喝。人生是首无畏的歌，是高是低都要唱。愿大家能轻松地对待自己，微笑着对待生活！还要学会一点人生的哲学：别人的缺点不要去宣扬和放大，自己的优点不要天天去欣赏和欢呼。

人生有三苦：你得不到，所以你痛苦；得到了，却发现不过如此，所以你觉得痛苦；最后你轻易地放弃了，后来却发现，原来它在你生命中是那么重要，所以你觉得痛苦。

如果把苦难视为苦难，那它就真的是苦难了。但是我们如果把它与我们精神世界里最广阔的那片土地相结合，它就成为一种宝贵的营养，滋润我们的心田，会让我们在苦难中如凤凰涅槃，思想上会得到升华，会体会到一种特别的甘甜和美好。

一年老似一年，一日过去就没了一日；一个秋天又一个秋天，一辈人催一辈人；一次聚会一次离别，一场欢喜一份伤悲；一张床榻一个人卧，一生都在一场梦里。

心里的，梦里的，存在的，回忆的，一些人，一些事情，等不到秋风起，就该留的，该走的，各去他乡，人生好一个剧场。

征服世界，并不伟大，一个人能征服自己，才是世界上最伟大的人。

人生百年，匆匆忙忙。我们总会在一个有着温暖阳光的午后痴痴地想着，自己到底是不是真实地存在？我们的生活是不是如同梦游？生命的意义到底在哪里？努力了很久没有收获，是不是应该放弃？生活里不妨学会一种自然的心态，让自己保持一种天然呆、自然萌。

不管苦恼和我们如何纠缠，我们都坦然地接受，不必要在内心留下任何伤疤。

不要悲观地认为我们自己运气很不好，其实比我们更不好的人还很多；不要乐观地认为我们自己很伟大，其实我们只是沧海之一粟。

把命运捧在手心，空空如也；把命运走在脚下，又实在又漫长；把命运交给明天，不过是个遥远的梦想。

对于世界，我们渺小得犹如尘埃，对于自己，我们却宽阔得犹如世界，自己就是自己的一切，如果放弃，一切将都不存在。

人生在世，草木一秋。不管是快乐的时光，还是悲伤的瞬间，时间都在不急不慢地前进着，不会为谁的留恋而多做停留，也不会因谁的厌倦而加快脚步。人生不如意十之八九，前世的自己已不可推测，现世的自己正在经历大大小小的得失，有些错误不可挽回，有些美好的片段也已成为尘封的记忆。

不管我们拥有什么，拥有多少，拥有多久，都只不过是拥有极其渺小的瞬间。人誉我谦，又增一美；自夸自败，又增一毁。无论何时何地，我们永远都应保持一颗谦卑的心。

人世间纷纷扰扰，彼此互相原谅与担待，演绎着这世界所有的恩怨情仇，看红尘沧海桑田，一时一事，本无定数。面对着一切，过去了就放下，无须纠缠，从容淡定，犹如云聚云散。每一天，每一刻，都是结束，也都是开始。

虽然我们很渺小，平凡得犹如路边的小草，我们希望生命从容、热情，生命既然很珍贵，那么我们又何必匆匆赶路？看一看风景，相约一些朋友，开心地走过这个冬天。

我们的生命与悠长的时空相比，显得匆匆而且渺小，我们没有能力去和所有的烦恼抗争，我们又不能屈服于各种烦恼，我们相信生命是真实而诚挚的。就让那些烦恼飘远，就算相忘于江湖，多一些宽容吧！

人世间有许多无奈，阻挡不住时光流去，关不上虚空的大门，人海之间渺小再无渺小，再多的刚强个性，只能给自己带来更多的伤痛和伤感。

浅浅一笑，回首沧桑，笑看世事，也无风雨也无晴；放开得失，看破成败，化尽悲欢是他乡。有情风万里卷潮来，无情送潮归。人生的事，来往如梭，恰似潮来又潮归。归去来今，吾归何处？归乡何在？此心安处。

人间戏剧，扮演不同的角色。有的人常常扮演主角，有的人常常扮演配角，有的人从主角跌落到配角，有的人从配角上升为主角。这往往不是人自己可以选择的。但是，不论扮演什么样的角色，人都不能忘记自己人生的原始起点，都不能迷失自己生命的真我本质。

往好处想，往前方看，往目标靠近，才能不枉此生。

命运给了我们悲哀，也给了永远的答案。于是，安然一份放弃，固守一份超脱。

人间故事总平凡，岁岁平安百姓家，流失的是岁月，留下的是记忆，不管岁月怎么转换，要保留下自己犹如这古墙颜色一样的朴素。

走在岁月里，不是单纯地活着，所有的欢乐，所有的幸福，都收获一种实实在在的意义。

生活中有坎坷，有风雨，有失落，有悲伤，凡事多往好处想。做一个乐观豁达、开朗的人，再多的失败，再多的不幸，总会有好消息传来。

行走在红尘，岁月在流淌。伫立在风中，回首之间多了一些惆怅，甚至一些忧伤，世态炎凉，人情冷暖，仿佛一切都变得遥远，留给生命的也只有那份生命的平淡。

善良与平淡才是最真。固守生命的简约，简单的快乐。每一个季节都发现惊喜，每一次花开都想和朋友们一起欣赏，让那些浮云般的烦恼飘向它散去的方向。

多少的希望，多少的梦想，唯有不愿背离人生的善良；平凡的路途，简单的岁月，常祈祷人间安宁，常祝愿山河俊美，常赞叹朋友们收获无限的快乐。

守候那些平淡的日子，哪怕我们拥有的只是简洁，花开花谢，云卷云舒，坦然面对相逢的所有，相信生活的每一次感动。祝福拥有的和未曾拥有的所有，让快乐的心伴随日子的延长，我们会感到，幸福其实相伴我们左右。

人生犹如一个舞台，有人笑，有人哭，可是笑又如何，哭又如何？百年之后，不过一样物是人非。人生短暂，瞬息万变，为何要与烦恼牵扯不断？这源源不断的烦恼就像抓痒，其实你本是不觉得痒的，可你那双不安分的手偏偏闲得要去招惹，于是便越抓越痒。如果你不去招惹它，烦恼又怎会自己找上门口？

生命也许是一丝清凉，也许是一丝叹息，也许是一个身影，也许是梦的延伸，也许是一片叶子的飘落，无言，无语。

来源：搜狐网

生活从来没有亏待过我

　　我的故事，是从这个记事本开始的。你们可以看到它特别的厚，我是从2008年开始写起的，一直写到了现在。我记得比如，"第一天面临着信任危机""一袋面包加牛奶""不留名的长发姐姐"，里面的金额也都是一块、两块的居多。这个里面的钱都是我欠别人的，也许你们会好奇，别人怎么只借给我这么一点钱？因为这是2008年那几个月里，我在街边乞讨要来的。

　　六年前，那时候我高二，是个十七岁的姑娘了。爸爸脑溢血中风，住院了大半年，医药费总共花了十七万多，也就是在那个时候，我弟弟又心脏病发，要二十多万。可是我们家很特殊，因为一场车祸，爸爸被夺去了健康，失去了干重体力活儿的能力，而妈妈因为脑膜炎，从此失去了原本正常的智力。爸爸和弟弟两个人的医药费加起来，将近四十万元，简直是个天文数字。

一开始我去借钱，我借遍了亲戚朋友家能够借到的钱，还是不够。我想辍学打工，我连辍学打工的地点都找好了，我们浏阳一中的老师和我干妈把我劝回了学校。因为医院快停药了，所以只能去乞讨，我一开始来到大街上，真不知道该怎么开口，头都不敢抬，甚至有点躲闪别人的眼光，我怕看到别人眼里异样的目光。我就把所有的证件都铺在了路上，有我爸爸的医药费清单、我自己的学生证，还有我爸爸和妈妈两个人的残疾证，但是过程也不是那么的轻松，有些人相信我，帮助我，我会用笔郑重地在这个本子上记下每一块钱。当然也有人会怀疑我，误会我，说你看她有手有脚的，万一是骗子呢？甚至我跟他解释，这是我的证件的时候。他说，现在证件有很多可以造假的呀。晚上写日记的时候，我就告诉自己，没关系，至少还是有那么多好心人愿意帮助我。想到这些，我心里会觉得，丢脸就丢脸吧，也没办法，先救爸爸和弟弟的命再说。

那时候我弟弟没办法再等着这么去筹钱，太慢了。我只能从医院方面想办法，终于湘雅二医院答应免费救治弟弟。后来我们家在政府的帮助下，所有的债务都还清了。我觉得生活从来没有亏待过我，我一定要好好地努力。读大学的时候，我打了七份工，最多的时候每天是五份兼职，等我回到宿舍后都十点多了。没有时间学习，就等到别人都睡觉的时候，我才开始熬夜学习两个小时。那时候就是特别困，眼皮子直奔拉下来，然后用冷水洗把脸就精神一些。

　　白天的时候，我上课是站着的，站着让我至少还能清醒地去听课。课间的时候，我室友就说，何平，你怎么一下课就睡得跟猪一样？要那么费力地才能把你叫醒。很多人问我，你这么累，怎么每天还乐呵呵的？那是因为我会安慰自己，累就是充实，有事情做才是幸福，没事做那才空虚寂寞冷，这种快乐又不要花钱。

　　有时候，我会多想想生活好的一面，就多给自己找快乐。至少，能有更多让我说"至少"的地方。比如说，至少我现在还读到了研究生。我告诉自己：何平，你要多想想事情好的一面，你要多看看别人的好，多记着别人的情，想到生活中的那些人，也会觉得很温暖，很有爱。我觉得，是爱让我更加坚强。

　　来源：《青年中国说》何平演讲稿

第三章

有输有赢才是人生

寻找真实的路

我们每一个人都会走出一条自己生命的路，那么我的生命的路，我就希望能够站在舞台上真实地为大家歌唱，今天看到那么多大学生，也让我会想到十几年前，像你们一样的年龄，我刚刚在中国音乐学院读书。

大学毕业的时候我找到了一份很好的工作，当时我是在中央民族乐团唱歌，然后2000年，就是我工作了一年以后，我就得到了中央电视台青年歌手电视大奖赛民族唱法的银奖。按照这样的路往下走，应该说我的唱歌的梦想应该是很顺利的，可是那个时候我却开始迷失自己。因为我演出开始越来越多，我唱了很多的歌，但是那些歌都是导演给我安排的，我慢慢地觉得自己越来越像一个木偶，很盲目，只是每天在唱歌，在赚钱。记得有一次，我到一个城市去唱歌，我记得当时音乐起来，我穿着这么高的高跟鞋，很漂亮的长裙子，化着浓浓的妆，拿着麦克徐徐地走上舞台，看到了上万的观众，然后该我唱的时候，我记不得歌词，因为那是前一天刚录的歌，是一首新歌。然后当时我就是这样开始，"一二三四，二二三四，动作还特别美，三二三四，"你们笑吗？你们觉得好笑吗？但是我当时看见上万的观众，他们真诚的眼睛，每一对眼睛就像一把剑，深深地刺穿我的心。我觉得自己如果再这样唱下去的话就会变成一个躯壳，一个毫无灵魂的人，我觉得我在欺骗观众，也在欺骗自己，就那一刻开始，我开始在反复地思考：我最初的梦想是什么？我为什么要唱歌？

我的家乡在贵州贵阳，那里有很多少数民族的歌曲，我记得我最喜欢的一首歌叫《螃蟹歌》，我给大家唱一段。"我来唱歌，我来唱个螃勒蟹歌哎，螃勒蟹歌哎，螃蟹的原来哎，脚啊脚多哎，脚脚多呦喂，两只勒大脚脚，六只勒小脚脚，我去挑水塞，夹着了我的脚，疼又疼得很，扯又扯不脱，这个哩螃蟹真可呦恶呀咿呦。"所以在我很小的时候，我就有一个梦想，我长大了要当一名歌唱家，而且一定要唱很有特色的中国歌曲，后来我考上了中国音乐学院附中。就在我十七岁的时候，我记得第一个星期上课，那时候老师就说，"来，龚琳娜，你念这段台词。"让我一念，真冷真冷，猛地一阵冷风，人人都说冷。当时全班的同学就像你们一样，大笑。但是我心里很难过，所以我决定我要好好地学，我要加倍地努力，然后那时候在学校，我每天早上五点钟就会起床，五点半就一定坐在教室里面，认认真真地，一个字一个字地，真冷，冷冰冰，猛地一阵冷风，更冷。

我太珍惜这个学习机会了，我太喜欢音乐了，那么我就在反复地想，唱歌的目的到底是什么，不是出名，不是金钱，是为了我热爱的舞台，是为了我能够找到自己的声音，但是我怎么样才可以找到自己的声音，怎么样才可以拥有自己的舞台呢？我要去找，我就开始去听所有的音乐会，就在我寻找的这个过程中，那个时候是2002年，在一场音乐会里，他在台上弹琴，弹着德国的巴伐利亚琴，唱着他自己写的歌，边弹边唱，他的名字叫老锣，听说我是唱歌的，他当时就说，哪天我们一起去玩音乐吧，他说的是玩音乐。我记得第一次我们在一起，在一个安静的房间，当时我第一句唱出来的时候，他就开始用他的琴慢慢地弹，当我的声音唱到一定的时候，我不知道怎么往下接的时候，他的琴声就带着我，我就听着他琴的声音，我就开始即兴，就是想唱什么唱什么，想唱什么歌词就唱什么歌词，我再也不用考虑我是在为别人唱歌。他对我说了一句话，他说你是一个特别好的歌手，你应该坚持走自己的路，你要不要跟我一起做乐队，我们去探索一条新音乐的路。他当时就邀请我。我会不会有未来？我会不会成功？我们做的音乐有没有观众？我都不知道，但是那个时候，我知道一点就是我不要的是什么，我不要的是假唱，假唱伤害我的心，所以我就拉着他的手说，我愿意跟你一起走下去。其实当我决定和老锣拉着手走这个方向的时候，也有很多很多的困难。我记得第一次我们在德国演出，真的可以说很紧张很忐忑，那天演完的时候，观众的掌声还可以，但是我和老锣回到家以后，他就收到一封信，是他最好的朋友，也是一个很好的音乐家写来的一封信，说，"我真的很受不了琳娜的演唱和表演，有点恶心。"他当时这样说的时候，我就感觉到在我的表演里面有做作的成分，我过去的那些跟音乐无关的动作和表情，让他感觉到受不了，我就决定我要丢掉所有的这些跟音乐没有关的动作，包括我的虚荣心。

正好我生了第一个小孩，然后我和老锣就租了一个房子，那房子在巴伐利亚森林一个小山坡上。我原来练歌，我在北京的家是八楼，然后我只要在楼上一唱高音，楼下老太太就来敲门，"你一唱高音我的心脏病就发"，所以我在楼房里特别不敢唱歌。当我搬到德国，看到一个小山坡，哇，这么漂亮的大森林，我太兴奋了，我记得那天我拿一个带子缠着我三个月大的小孩在这里，然后我走到山坡上，我就这样把它喊出来，当我这样喊出来，唱得正尽兴的时候，很大的声音从远处咚咚咚传来，我一看，十几匹马，全部，有白色的、棕色的、黑色的，咚咚咚咚就朝我跑过来。当时吓死我了，因为我还抱着一个小孩，我不知道我是跑还是站在那儿，它们非常迅速，四面八方，然后它们围了我一圈，把我一个人围到中间，离得特别近，我站这，它们就在这。然后我当时在发抖，我不知道马会对我怎么样，我也从来没有这样近距离地接触过动物，然后有一匹白色的马，它用它的鼻子和脸，轻轻地抚摸我这里，特别温柔，然后当时所有的马不约而同地抚摸了我一下，之后就分散走开了。那时候让我感觉到唱歌不光是为了表演，也不是就为了舞台下的观众，好像也是为了天地，为了所有的生命。如果歌声能让每一个生命都能更快乐，让他们更有这种生命力，我就觉得很幸福。我和老锣在欧洲的几年间，我们做了很多的音乐会，我每一个歌的安排就得特别到位，有的歌我得非常温柔地唱，我会听到台下的观众说："太美了。"当唱完这首以后，我突然又唱一首："小表妹爱唱歌，唱得红花满山坡，哎咯，歌儿唱进我心窝，小表妹说她脸皮薄。"观众每一次都会很激动，然后很好奇地问我："哇，你小小的身体怎么发出这么多不同的声音。"我就教所有的观众一起喊"一，二"教他们怎么喊嗓，全部西方的观众跟着我一起喊那个声音，那时候我就觉得我好自豪，我作为一个中国的歌者，真的很好，我要坚持这条路走下去。

　　非常幸运，2010年，因为一首《忐忑》让大家认识了我，我又可以回到中国的舞台上给观众们唱歌，太高兴了，其实这首歌，你唱完《忐忑》你就不忐忑了，它跟生命的路是一样的，你要经过很多很多，但是这个过程还是很爽，唱歌的过程很爽，生命的过程也很爽，谢谢！

　　　　　　　　　　　　　　来源：《开讲啦》龚琳娜演讲稿

人生的差距

　　年初，邻居找我倾诉孩子找工作的事情。他的孩子二本毕业，专业排名据说还不错，而且孩子做人厚道，彬彬有礼，还是学生会主席，然而并没有什么用，找工作还是屡屡碰壁。没想到，现实无比残酷，心仪已久的公司连简历这一关都过不去，人家张口就是："我们公司只要北大的。"

　　寒门逆袭的路上，最终还是被卡死在一条分数线上。

　　这并不是个例，众所周知，500强的公司从来不会去二本院校招聘。去年，本市医院招聘也明确规定，最低学历研究生，第一学历必须是985和211。可能很多公司的招聘简章上，并非必须名校毕业。如果你看过安徽卫视的节目《学霸是怎么炼成的》，就会明白没那么简单。

　　节目里，一个大型企业的人事部经理说："筛选简历的时候，会把985学生的简历和非985学生的简历分开放，招聘会结束后，只带走985大学生的简历。至于非985大学生的简历，往往就被扫入了垃圾桶。"而这种做法，是一些大公司的惯例。

在招聘会现场，你还会听到大公司HR说："我们公司只要北大的……"

这是赤裸裸的就业歧视。的确是，可这种歧视并非没道理。

前两天，听罗振宇讲了一个理论，觉得挺有道理。为什么工作单位现在都要求四六级考试，明明有些岗位这辈子都碰不上英语。这就像很多人diss一考定终身的制度，可很多人看不到这个制度本身已经能够对人的某种能力做出区分。

想想看，上高中的时候，你在做什么，学霸在做什么，其实人与人之间的差距在很早之前就有了。很多人看不起学霸，但不得不说，对一个公司来说，以校识人就是选拔人才时成本最低的方法。

这几年，关于要不要读名校，有过很多争论。连清华毕业的高晓松都说，大学已经成了职业介绍所。可是，你不能否认，一个人读没读过名校，过得就是不一样的人生。

《精进》里说："一个年轻人，进入一所不那么优秀的高校，对自己的标准会不由自主地降低以适应这个环境，减少自身与环境的冲突，而这种做法对他们的人生也许是致命的。"

这也是为什么那么多人发奋苦读，拼命也要考上名校的理由之一。因为和谁在一起读书，真的很重要。

《朗读者》的舞台上曾经出现过一个耶鲁大学的毕业生秦玥飞。毕业后的他去湘西贺家山村当了一名村官。当时，很多人觉得这是"资源浪费，大材小用"，甚至有人出言讥讽："这是在耶鲁混不下去了。我大字不识一个，也能当村官。"

但是，这个村官和别人不一样。名校毕业的他，利用同学圈的资源和耶鲁的人脉，干了许多大事。先后为偏远的山村募集到80余万元，发动耶鲁大学设计专业的校友，修建了田园式敬老院；广为人知的是，他还启动"黑土麦田"项目，运用在耶鲁学到的金融知识，引入资本和营销团队，发展农村的商务产业，帮农民致富。

于是，他成了中国最美的村官。当选过全国人大代表，也被评选为2016年感动中国年度人物，还带着黑土麦田团队站上过央视《朗读者》舞台。

试问，如果秦玥飞只是一名普通的大学生村官，没有名校背景，仅凭个人的努力，这一切可能吗？名校，除了带给你知识与技能的提升，它能带给一个人最大的贡献就是和你交往的人。

去年，乌镇饭局的照片，席卷各大媒体头条，很是火爆了一阵子。不仅是因为参加饭局的是中国互联网的大佬们，引起网友们热议的是在座各位的名校背景。这样两张照片，让众多高考学子坚定了考上名校的决心。理由很简单，你的校友决定你的圈子，而你的圈子就是你的层次。

曾经有个刷爆朋友圈的问题，如果可以回到十年前，你最想对自己说什么。大部分人的答案其实特别简单：好好读书。大概是因为越长大越发现，比起读书的苦，生活的苦要多得多。

你当然可以说，名校不能代表一个人的实力。但是，你需要付出多无数倍的努力证明自己。而有了那张文凭，却可以让别人轻而易举地得到机会。仔细想想，其实很公平。你连书都不好好读，凭什么让人相信你能力超群？

前阵子，陕西神木招聘公益性岗位协管员，要求研究生学历，月薪2500元，刺痛了无数人的心。可无论你怎么叫嚣埋怨，这就是真实的世界，而且这事儿你还不能责怪谁。

过去，你总觉得，不过就是一次考试，一个机会，错过了总会有。可越长大，你就会越发现，人生有那么关键几步，走对还是走错，就是人一生都无法改变的差距。

来源：搜狐网

体育让我不再懦弱

一

对金牌志在必得的杨扬，是如何走出1998年冬奥会失利的阴影的？

站在这样的一个舞台，能够面对这么多年轻人，我觉得压力很大。今天更多的是分享吧。

我自己参加过三届奥运会，第一届奥运会是1998年，那时我真的非常想拿下那块金牌，可是最后获得的是五块银牌一块铜牌。我个人两个单项全部是犯规，其中的1000米在半决赛的时候打破了世界纪录，所以能力不是问题。决赛的时候，最后冲刺，我身体还在前面，可是韩国选手在我后边伸出了一脚，刀尖在我前面冲过了终点，这个叫危险冲刺。因为在冲刺的时候，我们是不允许刀尖、刀根立起来的。但那个判罚恰恰是判到我这儿了，说我是阻挡犯规，我没有办法接受那个结果，但是结果就是结果。我记得那时候整个人脑子一下子一片空白，然后几天不能够、不敢去睡觉，不敢一个人，害怕自己去面对那个结果，我当时也在考虑是否退役。

有一天，我的一个老师跟我说，杨扬，现在是你才开始收获的季节。当时忽然间就在想，是啊，我就这么放弃了，似乎我内心也不能接受我自己。然后我回看自己当时比赛的时候，感觉竟然不是很难过或者很委屈，而是一种很兴奋的感觉。为什么呢？因为我在回看自己比赛的时候，发现了我还有可提高的地方。如果我弯道切入得好一点，可能出弯道就不会给对手机会了，就没有她伸脚的机会等等。看到自己还有提高的地方，我就非常期待下一场比赛。在一个月之后的世界锦标赛，我又拿到了三块金牌，个人全能金牌也拿到了。俗话讲叫报了"一箭之仇"吧。

其实还有一点很重要的，就是心态的把握。当时我就想我没有办法改变我的对手，更没有办法改变裁判，那我自己能不能有所改变呢？抱着这样的一个心态，我去面对，结果是出乎意料的。所以1998年的奥运会虽然是个失败的结果，但让我懂得了有失必有得。

二

2002年盐湖城冬奥会，首场比赛失利后，杨扬写下了具有神秘力量的"九条方针"，最终凭此力挽狂澜，为中国夺得冬奥首金！

到了2002年的盐湖城冬奥会，我的运动竞技生涯到了一个顶峰，连续拿了五个世界冠军。所向披靡，可以用这样的话，我也不客气。赛前各种宣传，还记得当时有一名韩国教练过来跟我说，我们看到NBC（美国全国广播公司）给你做了一个预测，说女子四块你都要拿掉啊。我当时说，你是在坑我吗？是在给我增加心理压力吗？事实上后来确实变成了我的心理压力。第一项就是1500米，那个是我个人最强的项目，在前面五年都没有输过的，最后的结果是第四名，连奖台都没有上去，我整个人都垮掉了。记得第二天要去食堂吃饭，我不敢按照平时的那个时间去，因为不敢出去见人，整个代表团的希望都在你身上，你就不知道怎么去面对大家，感觉自己像过街老鼠一样，天都是灰色的。

第二天就要进行500米的比赛了，我必须去面对了。我还记得1500米在最后两三圈的时候，我的脑海里有一个闪念，是什么呢？我希望前面有人摔倒。这个闪念很可怕，为什么呢？这说明那一刻我已经放弃了我自己，放弃了拼搏，我希望我的运气能好。但这个是致命的，绝对是致命的。所以我不想500米再出现这样的念头，于是回去我把自己最忌讳的事情都做了。可能在座的各位都有自己的一点点"小迷信"，比如说你们高考的时候。像我们运动员赛前就不剪头发，不剪指甲。

所谓不剪头发，是怕被别人替了；不剪指甲，是怕蹬不住冰。这些都是我们自己的一个心理暗示吧，就比如赛前的情绪稳定，也有自己认为运气很好这样的背心。当时回到房间以后，我把指甲剪了，让小杨拿了把剪子把我头发剪掉了，然后把自己喜欢的背心换掉了，这样就没有运气可言，可能还有坏运气，唯一能做的就是去拼。但是这样做我知道还不够，必须还要有一些具体的东西让我能够从那种恐惧里边走出来。

所以我写了九条措施，前面几条都是跟技术相关的，包括起跑跑到前面怎么办，跑到后面怎么办，然后蹬冰是怎么样的等等。后边有两条还是蛮有意思的，其中有一条是观察裁判员，奥运会的直播对发令员其实挑战很大，当时前面几轮我就一直在熟悉裁判员的发令特点，他确实在预备和放枪之间比原来时间要短了，这个办法让我运动生涯以来第一次跑到第一位，这是一个。最后一个是"老全你等着"，老全是韩国教练，是一个非常优秀的教练。他带领着韩国队，可以说在接力项目上，在我那一代运动员一直赢我们。当时我写了这样的一句话"老全你等着"，也是给自己一个激励吧，我希望自己能够在赛场上激发斗志，然后最后的500米基本上都在自己的控制当中。

我还记得那场比赛结束之后，我参加记者采访唯一的一句话就是"我是杨扬A"，就不会说别的了，因为当时整个脑子里就是这一句话。之所以是这句话，是因为赛前我输了第一项，加拿大的一个粉丝给我写了一封信，他说，杨扬，我们都希望你赢得冠军，但是我们更希望看到杨扬A在滑冰。当时"杨扬A"就是作为一句激励我自己的话，所以在面对采访的时候我只想到这一句话。后来看这个采访，我自己都觉得很尴尬，但是那个就是当时真实的我。2002年，我自己的感受就是理性地准备，感性地发挥。

其实很多人在有压力的时候都会不知道该怎么样去缓解，其实结果它是虚的，你没有过程等于是没有结果。所以一定要把过程，做最好的、最理性的准备，那么最后发挥的时候，我们还是要用你的激情去发挥。

三

在不知道如何选择的时候，听见自己内心的声音。

那么2002年在完成了全国冬运会的比赛任务以及亚运会的比赛任务以后，我提出来要上学。退役之后，我就去了清华读书，离开国家队大概大半年之后就开始特别想滑冰，尤其是进入冬天以后。我去看了美国盐湖城的世界杯，当时中国队在女子500米——我们最有优势的项目上，竟然没有人进入决赛。看得我这个难过呀，然后我心里特别焦急，当时队里边也向我提出来说希望我能够回来。

这是非常纠结的一个决定，因为很多朋友都说，杨扬你不要回去，你不回去你在我们心目中永远是胜利者。家里人还说，这个年龄了，你肯定是走下坡路的，你要考虑自己未来的生活。而且我们还有个词叫"急流勇退"。直到有一天我看到一句话，听见自己内心的声音，我当时第一个反应是我想滑冰。说心里话，收到国家队发出的邀请，那一刻还挺幸福的。因为被人需要，其实是一种很幸福的感觉，就这样我又回来了。

回来之后，2004年开始准备，到2006年的冬奥会有一年多的时间。训练非常辛苦，因为毕竟停了一段时间，而且年龄也渐大，30岁的年龄。2006年都灵冬奥会，我拿了一块铜牌。还记得在拿完铜牌的时候，我收到一个短讯说，杨扬太惨了。可是我自己内心却是非常踏实，因为我还是完成了自己的心愿。那届奥运会的经历是无价的，我在对体育的认识上是有颠覆的。

四

两则奥运会上的故事改变了杨扬的体育价值观。

跟大家分享两个别人的故事。2002年盐湖城冬奥会，记得当时我的好朋友美国队的艾米·皮特森——也是短道速滑运动员，跑过来跟我说："杨扬，明天开幕式我是美国代表团的执旗手。"我听了以后，一方面为她高兴，另一方面是有很大的疑问。因为我知道作为一个执旗手，尤其是在自己国家，是一个巨大的荣誉。但是艾米是一个相对普通的运动员，那一届奥运会，我记得她当时是30岁，勉强入选国家队，而且她在历届奥运会里，只拿到过一块铜牌。所以在美国队那种高手如云、明星如云的一个地方，还有花样滑冰、冰球等等这些，怎么执旗手会是她？我带着这样的疑问去问了美国队的一个官员，他说："当然是艾米了，只有她参加过五届奥运会，五届奥运会意味着要在高竞技水平的项目上坚持15年到20年，这种坚持是要付出巨大努力的。"当时目标只有金牌的我，就在那一刻颠覆了价值观。这个故事我讲给了我们的领导听，到了2006年，我也获得了执旗的机会。那也是很难忘的经历，因为在我之前都是男孩子在执旗。

另外一个故事是在奥运赛场上。在女子越野滑雪接力的比赛当中，呼声最高的加拿大队在第三棒滑行的时候，选手的雪杖折了。越野滑雪手臂要协调的，折了一根雪杖相当于没了一条腿。因此她从第一位一直掉到了第四位。可是要滑一圈，你才可以滑到你的教练那个地方去拿到你的器材。就这样她在掉到第四位的时候，正好滑过挪威队教练的地方，挪威教练把一根雪杖递给了她，她们又追回到了第二名。当时在加拿大队掉到第四名的时候，它前面就是挪威队，等于说这个教练让对手赢了自己的队伍。记者采访他时，问他为什么要这么做，他说："我当时第一个意识就是，我不希望运动员在场上因为器材而没有发挥出自己的最佳水平，所以下意识地就把自己的雪杖递给了她。"很多人都说"体育是现代没有硝烟的战场"，但是我认为这句话是比较狭隘的。体育给我们提供了一个平台，让大家在这样的一个平台上，在同样的规则下，不分肤色，没有贫贱之分，没有等级之分，用这样的一种方式去竞争，去竞争最好的自己，赢得所有人的尊重。

五

体育是残酷的，但是它是有情的。原来我也很热心公益，更多的是以体育明星的身份去站台，去呼吁。但那一次认识了一个国际体育公益机构，我将自己的铜牌捐给了他们。后来又随着他们去了非洲的埃塞俄比亚做了一个礼拜的志愿者，跟当地的小孩子们一块儿去运动。我第一次感受到体育可以在那样贫瘠的土地上改变人的生活，帮助人成长。体育让我变得更积极，让我成为一个更好的人。体育还可以让这世界变得更好。

来源：《开讲啦》杨扬演讲稿

用柔软对抗坚硬

　　大家好，我是梁鸿。刚才听到姚晨老师在讲她的故事，我特别有感慨，因为作为一个女性，一方面要结婚、生子，要养孩子，另一方面也想兼顾事业，我想对于每一个女性来说可能都有共鸣，我自己也是一样的。我每天都想着我要走，我要回梁庄，但是我每天早上都要起来给我那个臭小子做饭，晚上还要看着他写作业，盯着他，黏着他，所以是非常非常矛盾的状态。但是这几年我有一个新的想法，一方面觉得自己年华已去，虽然容颜从来不在，另外一方面也觉得自己的生命越来越丰富，因为很多已经忘掉的那些人、那些场景慢慢地又重新浮现到自己的记忆里面，就像前段时间当《星空演讲》来邀约我做演讲的时候，我突然想到的一双眼睛。一想到"星空"，就想到那双眼睛。星空和眼睛，它们两个同时出现在我的心灵和记忆的深处。

　　那时我十八岁，刚师范毕业，到一所乡村小学教书。那个学校是一个非常封闭的偏僻的学校，它离最近的村庄也有五百米。被密密麻麻的庄稼地包围着，远处有一条大河在流淌，每到放学后只有我一个人。我可以听到河水流淌的声音，我能感觉到玉米地那种阴沉的喃喃自语的声音，我也能感觉到黑暗在包围我自己，在吞噬我自己。

　　所以我非常孤独，也有一点悲伤。在这个时候我遇到了一双同样的眼睛。她是我的一位学生，一个小姑娘，可能就十一岁，小学四年级，她的学习并不是非常好，有的时候连简单的算数题可能也会算错。但是她总是盯着我，课堂上，操场里，或者某一个拐角的地方，我经常能看到她在看我，眼神非常忧伤、不舍，有点倔强，还有一丝丝担心。后来，我才明白，她是担心我要走。那所小学校，来了太多老师，也走了太多老师。

　　到了第三年的夏天，放暑假之前，我真的也要走了。我的学生们在得知这个消息以后，每天都盯着我，黏着我，就像我黏着我儿子一样，上课不想听课，放学也不想回家。整整三年时间，我们朝夕相处。说实话我还算一个好老师，每天给学生非常耐心地教书，我也愿意跟他们相处。

　　有一天我跟那个小姑娘，她的哥哥，还有几位学生，我们到河边散步，我们捡石头，看河水流淌，然后再闲聊天。最后，我们来到了村庄旁的苹果园旁边，那个苹果园是一个新的苹果园，苹果树刚刚种上，在一棵苹果树下，那个小姑娘站住了，她看着我，对我说："老师，你别走，苹果树再过三年就结果，等吃了苹果再走吧。"我忘了当时我什么反应，只是在以后的日子里，这句话越来越清晰，越来越甜蜜，直到此刻，当我再次说起的时候，依然心动不已，我记得她说这句话时的眼神，纯真，带一点点羞涩，又满怀期待，就好像她在用全部的身心在等待我的回应。

有许多人问我，为什么要重返梁庄，写作《中国在梁庄》和《出梁庄记》？为什么要写《神圣家族》《梁光正的光》这样的梁庄故事？我知道，他们想让我回答：是出于巨大的责任心等等之类的话。其实，真的不是这样。我想回去，最初的原因只是基于那种柔软而纯真的情感，我想念那条河流，想念家乡的人们，想念那双眼睛。它们变为一种渴望，一种巨大的内在的驱动力，召唤我不断重返那片土地，去寻找一些东西。

我们通常都把柔软的情感看作是一种软弱，尤其是看作是一位女性特有的情感，它属于较低级的、小我的、本能的，甚至于有碍于理性思考的存在。也因此当有论者在批评《中国在梁庄》过于充满情感的时候，总会加上一句，这是因为作者是一位女性。这几乎也是所有人的判断。我想，这样的判断基于一个最基本的前提：女性的情感是柔软的，而这种柔软是一种缺点。

我想再给大家讲一个《中国在梁庄》里面的一个故事，我的五奶奶的故事。五奶奶是一位像地母一样的女性，非常的宽广，非常的坚强。她花白头发、紫棠色的脸，特别擅长于自嘲。她的家就是梁庄的新闻发布中心，很多妇女、儿童、老人都在这儿聊天，说话，打发时间。五奶奶非常健谈，很开朗，但当讲起她孙子的死时，她的语气是飘忽的。过了很多年，我2008年回去的时候，她的孙子已经去世十一年了，她仍然没办法面对。

她十一岁的孙子是在梁庄后面的湍水里淹死的。当她听到孩子出事时，她正在做饭，她把勺子一扔就往河边跑，我们的村庄是在一个高坡之上，往下走经过一些灌木丛、小树林。她一点都不知道，那些灌木丛把她的腿刺得鲜血淋漓，她一点都不知道疼。等她到河边的时候，她发现她的孙子脸色发青，没有呼吸，她一下子就倒在了地上。

2011年的时候，因为做《出梁庄记》调查，我来到青岛，去采访五奶奶的儿子，也就是淹死的那个孩子的父母。我在那儿住了大约有八九天时间，每天晚上跟我婶子睡一张床，她一动不动地，紧紧地抱着她的小儿子，她又生了一个孩子。我感觉她没有睡着。于是有一天，我就说，"婶子，我们俩聊会儿天吧。"于是她第一句话就是，"自从宝儿死之后，我12点之前从来没有睡过觉。"宝儿是谁？宝儿是她淹死的孩子，我到青岛的几天，从来没有提过她的儿子，我们都没说，但是在夜深人静的时候，这句话好像搁在她心里面，她就等着有人来问，她想诉说，但是却从来没有机会诉说。

然后她给我讲儿子死前前后后的事情，她说她有预感，有一天晚上她看到蚊帐上面落了一层黑压压的蚊子，她觉得坏了，家里要出事了。果然，过了几天，家里就打电话过来，说孩子出事了。我的堂叔一听赶紧给家打电话说，"把孩子先埋了吧。"他怕我的堂婶太激动，万一受不了，又一条人命。等我的堂婶回去以后，发现自己的孩子已经埋掉了，她见不到孩子最后一面了。她就打我的叔叔，说，"你心太狠了，你不让我见我的孩子最后一面。"这时候，我的五奶奶走过去，抱住她儿媳妇的腿，说："对不起，我把你的孩子弄丢了。"我在梁庄的时候，我的五奶奶没有给我讲这个细节。

其实这个故事我在很多地方都讲过，但是好像每一次我都难以控制，我在想为什么我总是想讲这个故事，我每次讲都是像第一次讲，我每次讲它都会给我新的认知，一个新的情感的层面，我想，可能五奶奶这一家的故事触动了我们内心深处最深的情感，可以说五奶奶普通家庭的故事几乎承载了中国现代化发展和城市化进程中的所有问题和痛苦，留守老人、留守儿童、环境污染、农民工进城打工等等。这些都是耳熟能详的词语，但是我们有没有想过那样的一个父母在深夜的诉说，那样的女性，那样的母亲，这是非常非常个人的一个巨大的痛苦，所以我觉得对"现代性"的追求给乡村带来的不单单是"文明""进步"，在某种意义上，它可能也夹杂着某种"暴力"和"掠夺"。

在一次研讨会上，我跟大家讲了这个故事。一位经济学家反应非常激烈，他认为，中国的发展有目共睹，出现各种问题是难以避免的。言外之意是我太情感用事了。"你说这么多，你说该怎么办？"这是我经常遇到的一些话题。在听到他铿锵的话语的时候，其实我是阵阵心惊，他的逻辑如此强大，我几乎也要认同他，是啊，我们的现代化要发展，要发展就要有牺牲，有牺牲就没有办法，我们必须与世界接轨，这都是我们非常熟悉的逻辑和论调。

但是，在最后，他也提到，当年破四旧的时候，他父亲坚持要把他祖母的一个佛龛烧掉，他的祖母非常非常难过。他说，今天想起来，他也依然能够感受到祖母的心痛。

我突然意识到，问题就在这里：为什么我们会忽略掉祖母的心痛？她喜欢那个佛龛，她能够从中找到生命的慰藉，保家人平安，她为什么不可以保留？如果我们能够为祖母的疼痛而疼痛，尊重祖母，并且进而尊重她所看重的，伦理、亲情、长幼、信仰、传统等等，也许，那一场运动就不会那么失控和坚硬。

今天，我们也正处于这样一个重要节点上。和当年祖母的遭遇一样，五奶奶的悲伤、眼泪从来没有被重视过，一位年轻母亲只有在夜深人静的时候才能够说出她对自己儿子刻骨的思念，而这些都被看作是发展中必然要被牺牲的部分。那个小姑娘眼睛里的情感，那种纯真，那种柔软，也被看作只是抒情时刻，或者只属于过去的、我们成长必须失去的东西。

可是，是这样吗？难道祖母的痛不是世间最值得被重视的情感吗？难道五奶奶的眼泪，我婶子的诉说不是世间最值得被珍视的东西吗？如果我们不把人的情感，人的最基本的情感纳入到社会的发展逻辑里面，那么，这发展是不是出现了一些问题？如果我们不把女性情感——尤其是今天，放置在一个更加平等、重要位置来衡量的话，那么，是不是我们的情感和我们的人性出现了问题？

柔软不是柔弱，不是软弱，不是隐忍、屈服，不是非理性或非社会化，不是只属于女性的情感，它也不是向男人示好，它实际上是人类最基本的情感，最基本的人性，无论男女，不分老少。对美好的事物感动，为孩子的笑脸开心，被他人的疼痛打动，珍惜家人，心存善念，向往纯真，它们是人类最强大的力量，支撑并修正着人类文明的发展。它和制度、规则是人类社会的一体两面，制约着我们自己走向自身的反面。

我经常想一个生产假药的人，一个制作劣质奶粉的人，如果有那么三秒钟回到这一基本的人性状态和情感状态，思考一下，他多赚的几块钱可能是一个生命没有了，一个家庭幸福没有了，也许他就不会那么冷酷坚硬。一个处理乡村问题的干部，如果能够和那位不愿意离开自己家，哪怕这个家并不光鲜的农村妇女对视那么三秒钟，可能，他处理问题就没有这么简单和粗暴了。我觉得大的社会问题的产生，一定与整个社会制度有关，我们当然要从法律上追责，要从制度上去梳理问题的根源，但是，如果我们不充分意识到频繁产生这些现象的原因，也与整个社会情感淡漠、与我们的人性处于溃败状态有关的话，那么，这些问题还会持续地、频繁地发生。

少一点坚硬，多一点柔软和疼痛。有疼痛才有尊重，有尊重才有敬畏，有敬畏，才可能以一种善感而平等的心去面对他人和这个时代。如果我们一定要把女性情感归结为柔软的话，我恰恰觉得，今天，我们太缺乏多愁善感了，我们太缺乏对个体情感和生命感受的尊重了，以发展之名，玩笑之名，我们把自己锻炼成一个钢铁人，最终，失去一颗能够体会爱情，体会爱和情感的心灵。

为什么我对那个小姑娘的话和那双眼睛念念不忘？我常常想，它们也许是世间最美妙的情话，那双眼睛也许是世间最美的眼睛。就好像一座圣殿，包含着人类的全部秘密。她，和她身后的那个苹果园，那条大河，就像一个隐喻，以柔软而又坚韧的形象昭示着某种永恒的事物。我希望有一天，我有足够的能力在我的创作中去阐释那双眼睛背后所包含的全部情感。我想让苹果树下的那个小姑娘永远活下来，让这世间所有的人都能够听到这句话，让听到的所有人的灵魂都为之震颤。我希望大家能够变得柔软，以一颗低到尘埃里的心去体会他人和世界。

来源：《星空演讲》梁鸿演讲稿

我们的航行永远不会停止

　　我是一个比较内向的人，但是我并不想安静地做个美男子，因为我有一个偶像，这个偶像是《海贼王》的男主角，叫路飞。他有一个理想，是做海上最强的男人。而我的理想，是跟一群好玩的伙伴，一起去做一件非常牛的事情。然后，我们就开始去找一些很好玩的小伙伴。我们招人的时候，从来不看他的学习成绩差不差，因为反正都没有我差。

　　另外一个，我们会招一些特别逗的人，因为我们觉得好玩的人才能做出好玩的产品。突然我们发现有一天，朋友圈被刷屏了，周围的朋友都在用我们的产品，我们真的成为中国APP排行榜第一的应用！然后那一刻我们特别激动。我们抱在一起，我们出去喝啤酒、撸串。那一晚上，我整整一晚上没有睡着觉，我觉得这一切太美好了！

　　但是在脸萌最火的时候，却是我觉得我个人最失败的时候。当时我的手机被投资人和媒体打爆了，经常出去参加活动的时候，还会有很多人过来跟我拍照，我的自信心和虚荣心都不断地在膨胀。另外一个就是外界会有各种各样的质疑。当时我很害怕，害怕它从排行榜里面掉下来。所以这个时候，我就会逼着小伙伴，我说："你们加班，维持它，不要让它垮掉。"然后小伙伴做起来也是非常得枯燥，他们就开始跟我讲："郭列，你之前跟我们说，你想要做一个年轻人最喜欢的科技公司。但是现在我们连自己都不喜欢！"

另外一个就是我的女朋友对我一直都不离不弃，但当我最火的时候，她却要跟我分手。她觉得，我根本没有时间陪她，我可能连跟她吃一顿饭的时间都没有。因为我太害怕失败、太急躁了，所以我对她的脾气也特别特别不好。

之后，我回到家里，我看着天花板，然后躺在沙发上，我就在哭。我仿佛失去了我的伙伴、失去了我的亲人、失去了我的女朋友、失去了我的梦想，我不知道我这个事情实现之后，我未来还要做什么。有勇气做自己喜欢的东西，不是最难的，最难的是当你取得一点点小成功的时候，你被成功冲昏了头脑的时候，你是否还不会忘记你最喜欢的人和你最喜欢的事情。

然后我去追回了我的女朋友，我跟我的小伙伴说："中国我们现在已经做好了，我们可不可以去海外看一下，让外国人也萌一把？"于是我们就拼命地开始研究外国人喜欢什么样的肤色，比如说撒贝宁老师那种肤色。通过这个事情，我们仿佛推开了另一扇门。

我们发现，其实世界还是非常广大。我们希望，下一个科技第一的世界的公司，可以在中国，而我们愿意成为这样的一个世界的公司。第一步就是我们先要干掉微信的朋友圈，一到两个月之后，我们将会推出我们新的产品。我觉得人的梦想是无穷无尽的，但是我们的航行永远不会停止。

来源：《青年中国说》郭列演讲稿

第四章

坚持做你自己

君子之交淡如水

"好朋友"的定义是什么？天天在一起？常常通电话？如果不能黏在一起，是不是就只能算作泛泛之交？如果真的是这样，那么从古流传至今的那句话"君子之交淡如水"其意义何在？事实上，好朋友贵在交心，深厚的友谊无须靠丰盛的宴席作为铺垫。

为共同的事业、共同的目标一起奋斗的伙伴，彼此之间有着共同的追求，因此也对彼此有着深深的理解。这种友情，是工作顺利时的快乐分享，是患难与共时的相依相偎，更是遭遇困难时的鼎力相助。如果没有这种精神上的协调一致，即使时时相伴左右，也是面和心不和。

有的人认为同事之间没有真正的友谊，其实同事之间共同为事业奋斗，即使个性、爱好不大一致，但只要有大体相同的理想，为共同的目标工作，也能建立起深厚的友谊。

如果觉得性格志趣合得来就每天形影不离，合不来就慢慢相互疏远，这样的做法只能在同事之间形成小团体，产生一种不和谐的气氛。

德国大音乐家贝多芬和舒伯特之间的友谊被传为千古佳话：两人共同生活在维也纳35年之久，虽然只见过一次面，但却成为知己。在贝多芬作为维也纳古典乐派的代表人物，事业如日中天时，舒伯特只是一个默默无闻的音乐创作者。贝多芬生性孤僻，舒伯特深知他的个性且两人社会地位相差悬殊，所以从不敢贸然造访。

直到后来，因为一位出版商的盛情邀请，舒伯特才带着一册自己的作品前去登门拜访，不巧的是恰逢贝多芬外出，舒伯特只好留下作品，怅然而回。然而，当贝多芬患病后，有一天，友人想调解他的寂寞，随手拿起桌上的一册书放在他的枕边，让他翻阅消遣，这册书正是舒伯特留下的作品集。

贝多芬马上被其中的作品吸引住了，细心品味了一会儿，大声叫道："这里有神圣的闪光！这是谁做的？"友人告诉了他舒伯特的名字，贝多芬大加赞赏，大叹素昧平生。当贝多芬弥留之际，托人把舒伯特召至床前说："我的灵魂是属于舒伯特的！"贝多芬死后，舒伯特终日郁闷。

一日，他与三四个友人入酒店饮酒，一友人举杯提议："为席上先逝者干杯！"舒伯特应声站起，一饮而尽。仿佛是应验了可悲的谶语，18个月后，舒伯特也告别了人世。临终的时候，他向亲友表示遗愿："请将我葬在贝多芬的旁边！"后人对他们之间的友谊给予了最美好的赞誉，并为他们铸起了并立的铜像，至今仍屹立于维也纳广场。

现代人的生活离不开社交活动，这些形形色色的活动必定要花费大量的时间。如果为了节省时间而完全远离社交活动，是一种因噎废食的愚蠢做法。但如果把自己的时间全部花在和朋友游玩、谈心上，那也根本没有了自己的私人空间。

一位作家曾经有过这样的经验：清晨，他正在埋头疾书，思绪如从蚕茧中抽丝一样，有条不紊。突然，一阵急促的敲门声打断了他的思路，开门一看，是他的一位好友，他只好把这位朋友让进房间。

尽管看到作家正在进行创作，但这位朋友却依然十分健谈，自顾自地讲着自己的故事。作家沉默不语，但也不好打断他，只好静静地听着。不一会儿，就到了吃午饭的时间，这位朋友非常热情，拉着作家一起出去吃饭，一顿饭又花了两个多小时，作家满腹牢骚但又碍于朋友的面子不好发作。等到吃完饭，朋友终于心满意足非常高兴地离开了。

作家回到家里，重新坐回书桌旁，却再也找不到创作的灵感了。想想看，这样的友谊多可怕！鲁迅说过："浪费别人的时间，就等于谋财害命。"

其实，问题的解决很简单，关键是要遵循"尊重"二字。尊重对方的时间，不浪费别人的时间，不没事找事地瞎聊，也就是要像一句俗语说的那样——无事不登三宝殿，不因自己的小事而给对方造成困扰。每天在一起胡吃海喝的朋友，可能也只能在一起吃吃喝喝，而交心的朋友才是真正的朋友。只要心灵相通，一瞬间就抵得过永恒。

反省一下自己，有没有这样随意打扰过你的朋友呢？不妨做个假设，当你遇到这样的情况：在最不希望被人打扰的情况下，偏偏被人打扰了，而这个人还是你的朋友，你心里是什么感受？这样想一想，你就该知道以后怎么做了。

来源：文学网

一箱画带来一生追悔

我的两个舅舅反目成仇好多年了。尽管母亲反复做他们的工作，但他们依旧谁也不理谁，在一条街上住着，形同陌路。甚至连孩子们都不往来。

事情的起因是因为外婆的一箱子画。

外婆是大地主家的小姐，陪嫁过来一箱子画，虽然历经"文革"还剩下不少，有好多出自名家之手。外婆从小习画，是个知书达礼的人，两个舅舅也上过少年宫美术班，特别是二舅，画画得非常有灵气，后来去中央美院进修过。

除了母亲，他们都动过画的心思。特别是二舅，总是借口临摹谁的画而到外婆的房里去，他去借画，借了好几张没还。大舅知道了，跑去吵，再加上媳妇鼓动，大舅和二舅终于打了起来，一个说另一个想占为己有，那个就说只不过是为艺术想看看而已。

一家人都知道，有几张画是价值连城，但独独那几张画没有了。

那时外婆已经中了风，根本说不出话，只急得流眼泪。大舅二舅在她的房间里吵，一个说另一个藏了起来，而另一个说，肯定你是拿了换钱，因为我的大舅嚷着要买新楼盘好久了。就这样越吵越凶，外婆死的那天达到了高潮，他们甚至顾不得外婆刚刚咽气，而为这箱子画动了手。

母亲气得晕了过去，大舅二舅恨不得白刀子进红刀子出来了。所有亲戚全笑话他俩，母亲做了一件任何人想象不到的事情，她不知在哪里找来了一瓶子汽油，然后倒在了那箱子画上，大舅和二舅惊叫着，但已经来不及了，母亲镇定而迅速地把一根小小的火柴扔到了上面。

所有人全震惊了！母亲说："既然亲情不如这箱子画值钱，那就烧掉它吧。"

那箱子画里有多少画没有人知道，所有的一切片刻间化为灰烬！转眼灰飞烟灭了！而母亲转身走了，从此再也不回娘家，这两个舅舅太让她伤心了。

大舅二舅从此不再往来！甚至走个对面也不说话，这就是我的大舅和二舅。

转眼10年过去了，大舅和二舅都老了，他们不再年轻，不再意气风发。大舅妈得了一种奇怪的病，总是治不好，家里渐渐就空了，开始二舅还总跑到母亲这里说："活该，谁让他不长好心眼！"后来大舅越来越惨，惨到快吃不上饭了，儿子的学费都没有着落了，而二舅的小日子过得特别好，还开了一个小厂子，母亲常常偷偷塞给大舅钱。有一次，二舅看见了，嫉妒地说："姐，你就是偏向他。"母亲生气地说："我不是偏向谁，而是谁让我心疼我就向着谁。"

这些家长里短的事情母亲总是和我说，有时候母亲也后悔，要是不烧那一箱子画就好了，卖个三张两张的就够吃一辈子了！现在，大舅母都没有钱看病了，看着大舅就可怜，50多岁的人了，还天天跟着山西的车去拉煤。

不幸就在我们念叨之间发生了。

大舅去拉煤，在春节前想多挣几个钱过年，结果再也没有回来。疲劳驾驶，结果出了意外，车翻到沟里，人当时就完了。二舅是第一个听到这消息的，他当时就傻了。嚷了一声"哥啊"就昏了过去，醒来就派手下的人去山西，说是花多少钱也要把大舅拉回来！大舅母当时就傻了，人疯疯癫癫的，大舅的儿子正要考研究生，二舅果断决定不告诉自己的侄子，等他考完再说！葬礼全是二舅一手操办的，他给大舅打了幡，这个本来应该是儿子做的，但二舅执意要做，他三步一回头，一边叫着哥一边哭。"来不及了"，他哭叫着，"哥啊，为什么来不及了！"真的来不及了，他还有好多话想说啊，他想说，他错了，自从母亲一把火烧了那箱子画开始他就想认错；自从看到大舅越来越瘦时他就想认错，可已经10年了，他磨不开这个面子啊。

到底晚了！他跪在大舅灵前，长跪不起，把头磕得如山响，大舅却再也听不到了！大舅去世后，二舅承担了大舅家的一切，给大舅母看病，供一双儿女上学，10年的恩怨，在大舅去世后冰释前嫌。但二舅说，即使这样，他仍然觉得后悔万分，本来，他可以和大舅坐在老槐树下喝几杯二锅头下下棋的；本来，他可以拉着大舅去看远在北京的母亲，让母亲骂骂他俩，但现在，一切没有机会了，他常常一个人来看母亲，来了就傻哭，只说想念大哥。

我终于知道，世界上有一种东西无论如何也难以割舍，世上有一种感情斩不断理还乱，用我母亲的话说，那是砸断了骨头还连着筋，那就是亲情，血浓于水，永远不断。如果，如果你觉得有亲人在身边，那么，尽情去爱吧，有些爱错过就真的来不及了，而亲人给我们的感动，永远是最深的感动。

来源：百度文库

梦想不凋零

　　各位年轻的朋友们：大家好！你有没有一个刻骨铭心的日子是你跟别人最不一样的日子，对于我来说，2008年的7月27日是我生命当中最特别的一个日子。彩排长绸搭在手上回头的一个动作，那是我这辈子最后的一个站立的舞蹈动作，然后意外就在下一秒发生。

　　我是靠腿吃饭的，因为舞者就是这样一个职业。我们经常一提舞者，会想穿比较漂亮的裙子，然后立着足尖，那是芭蕾舞演员，实际我所从事的职业跟那个基本上是相似的。但是7月27号，我的腰椎的第十二个截断脊椎损伤以后，就别说立足尖了，我现在甚至一个脚趾都不能动，所以我就觉得那个时候命运跟我开了一个巨大的玩笑。刘岩，你不是能抬腿吗？你不是能跳舞吗？你不是有一个绰号叫刘一腿吗？现在我连一个扫街的阿姨都不如。因为她可以上街去扫地，她可以行走，但我不行。那段时间我就在反思，我说我不能跳舞了，我不能行走了，我能做什么？你们能猜出来吗？我为什么要学舞蹈，我跳舞是因为我妈妈给我的一个建议。我小时候有一个习惯，我不好好吃饭，然后奶奶就会追着跑，我妈就很头疼。因为这件事我学过跳高、跑步、游泳，反正我妈妈能想到的体育项目她都让我学了一个遍，但我就特别不喜欢。唯独她给我选到舞蹈的时候，我觉得那个时候，我还不懂什么叫梦想的时候，我可以用四个字来形容我对待舞蹈——风雨无阻。

我小时候有一件事，我考到舞蹈学院之前，1993年我在内蒙古歌舞团的小星星艺术团业余班学习，然后我妈妈有一天就跟我说，刘岩，今天咱们可能去不了舞蹈班了。我说怎么呢，她说晚上就是你上课那个时间七点钟要下雨，四点多就要下，天气预报说了。我一看不能去舞蹈班，我就闷闷不乐了，我就在那个窗边，我不吃饭。我妈说你还是吃点吧，吃点吧，那个雨小点儿的话我就一定带着你去。我说真的吗，她说真的，然后我就把饭吃了。但是到了六点多还是下着雨，你走出去大概不到半分钟，你头发就湿漉漉的那种大雨。我妈妈是很疼我的，也是属于比较宠着我的那种母亲，她说六点半了，七点钟上课，刘岩你还要去吗，然后我就不说话了。她说那你想去我们走吧，我就特别高兴，然后我妈就骑着自行车戴着雨披，我坐在那个后座上，虽然是夏天，我印象特别深，因为那个雨披没有那么长，整个小腿全部湿透了。然后到了学舞蹈的地方，进到练功厅，一个小朋友都没来，我就特别失望。妈妈很心疼我，她就出去了，大概过了不到十分钟，我的老师蓬头垢面穿着拖鞋就跑过来了。后来我才知道，我妈妈跑到练功厅一楼的传达室打给我的老师，她接到我妈妈电话特别慌乱，她说，这么大的雨，我以为没有小朋友来上课，所以我就没来。我妈说刘岩来了，然后那天老师就给我一个人上了一堂舞蹈课。所以这是我27岁的时候受伤以后再回想，我那时候懂什么叫梦想吗？我那时候懂什么叫追求吗？我懂什么叫风雨无阻吗？我完全没有概念。可能人生当中就存在这种很多你不需要给自己答案的时候，但你已经在做了，那么后来我就考进了北京舞蹈学院。我在这跟你们承认坦白，我不属于很有悟性的那种，就属于比较笨，平时训练我都会在把杆最旁边。老师实在是受不了我，因为我做不好我自己会哭，我就是太要强了。那个时候，每天晚上都会跟我所有的同学一样到电话亭去排队打电话，可能我的同学都会打给爸爸妈妈，但我不是，我会打给我的任课老师。我干吗呢？承认错误，说我今天上课没有做好，我明天一定会做好，然后就在电话里又跟我的老师哭一通，现在我跟我这个老师是同事了，也是特别好的朋友。我们现在再聊这个事的时候，她就说那时候简直烦死你了，一到晚上九点多，就开始紧张，说这刘岩又要打电话，又要跟我哭一通，我就是那种特别认真，然后有点笨，爱哭的一个学生。

　　虽然大家后来给了我一个抬头，叫我青年舞蹈家，但我知道我自己根本就不是一个白天鹅，我跟大学同班的一个同学被称为"二等奖专业户"。我参加很多次比赛，很多次比赛都没拿过金奖，全部是二等奖，我面对比赛这件事是有一个自己的态度的，我屡战屡败，屡败屡战。我就算拿了二等奖，我痛哭流涕，但下次学校让我参加比赛的时候，说刘岩你还参加吗，我说当然，我还是要参加。直至2004年我才拿到我生命当中的第一个金奖，然后我就觉得命运跟我开了一个巨大的玩笑，是让我在将要呈现事业上最辉煌的那一刻摔伤了我的腿。这个摔伤并不仅是让我错失2008年这种几十亿人的眼光的一个机会，我觉得可能是断送了我的艺术生命。后来我发现我不但失去舞蹈，甚至我在生活当中有很多外来事物会对我说不，我的自信简直是被挫败到什么程度。我从医院回到家里，我的书房和我的客厅有一个连接，书房是木地板，而客厅是一个大理石，木地板会矮一点，大理石高一点，那天我就是这样一滑，我觉得我过去了，过去了，过去了，还差一点，还过不去，我脖子就一直撑着。舞蹈演员就是有这点特性，就觉得自己的身体无所不能。我就用脖子撑，我觉得我这个重心往前一调整肯定就过去了，但是就在那一刻，这个轮椅咣当倒回去了。我的自信心在被倒回去那一秒，那种挫败感不光光是对舞蹈事业的这种痛失，是体现在生活当中每一个细节。我现在一天二十四个小时，甚至睡觉的时候，旁边一定要有一个护理人员。我发现我撑走一个自己的空间，那个我想对于女孩来说你们都特别能跟我有共识吧。你没有私密的空间，这对一个人来说是巨大的一个折磨，你们想象不出我怎么样才能走出我的阴霾。我不想说这些词，我觉得没有用，就好像有一段时间媒体一直说，刘岩很坚强，对，我现在对这个词也很默认，但实际我会认为这个词根本不足以形容我自己所经历过的，还有现在正在经历的这种岁月。

虽然我不能行走，但我一直在前行，我所经历的，那可不是"坚强"这一个词可以囊括的。我觉得所有的自信不是别人给你建立的，一定是自己给自己的。我想这点道理大家明白，我拿我自己打比方。因为我原来是个演员，我就决定考博士，考中国艺术研究院的舞蹈学的博士，实际在这件事上我是超没自信的那种，比如说我的英文，我觉得我可能过不了。但我当时也有一个信心就是说今年考不上，我可以明年考，明年考不上我后年再考，无论如何我要给自己争取到这个学习的机会，那就是我继续我事业的一个机会，所以我就去考这个博士。你看生命就是这样，你不知道你下一秒会发生什么，那个意外有时候是好的或者是坏的。就在2010年，我第一年考的时候就考上了，考我导师的学生有七十多个，然而她只收一个学生，后来她要了我。所以我就在想有时候你不知道，你完全的预估是你不能考上，然后反倒生命给了你一个惊喜，所以从那一刻开始，我觉得考博士可能对于我刘岩来说是一个里程碑式的事情。为什么？因为我从2008年摔伤以后发现我诸多个不能，从那一天开始我发现，我能。后来我觉得博士打开了我的一个心房。俗话说，当上帝给你关上一扇门，一定会给你打开一扇窗，好多人说这件事在我的身上也应验了。但我自己觉得，你一定要有一个力量去主动推开那扇窗，而不是等着它自己去打开。你主动推的时候，你会发现那扇窗一定会打开，但你一定要自己去推。好像今天说到现在为止，我受伤这件事被谈得很风轻云淡，但我觉得这就是人生吧，我们就应该风轻云淡地对待每一件事，因为我知道，我还有很多路要走。

我坚信一件事，虽然我没有办法再次站立起来，像7月27号之前那样，在舞台上旋转、抬腿、大跳等等，但是我在工作的舞台上，在生活的舞台上，在今天《开讲啦》的舞台上，仍旧可以用自己的姿态来跳舞。我相信我自己的任何一个姿态，任何一个态度，任何一个眼神，任何一个微笑，任何一个手指的动作，对于我自己来说都是舞蹈，所以我觉得我在自己的人生舞台上跳舞，我跳我自己这支舞，谢谢各位！

来源：《开讲啦》刘岩演讲稿

一个中年女演员的尬与惑

腾讯来找我聊这一期的女性力量，说我是"独立、自信、坚韧、成功"的女性代表，我被如此正能量的赞美冲昏了头脑，愉悦地答应了。冷静下来后我发现，我好像不是他们想要找的这个人。此后的一个月里，我绞尽脑汁，拼命回忆自己"独立、自信、坚韧、成功"的时刻，但蹦出来的都是"彷徨、沮丧、无力、失败"的画面，我感到惴惴不安，《星空演讲》在我心里投下了星空那么大面积的一片阴影。关于成功的经验，我实在没啥可分享的，倒是可以跟大伙儿聊聊一个中年女演员的尬与惑。

我曾经的工作人员认为，姚晨是个懒惰的演员。事实上是因为我对剧本的选择一直很谨慎，导致接戏不多。2012年，我终于遇到了几个好剧本，我雄心勃勃摩拳擦掌撸起袖子准备大干一场的时候，我怀孕了。没多久，我的经纪人告诉我，她也怀孕了。于是，整个团队偃旗息鼓，跟着我们一起休了产假。

　　在和孩子相处的三年中，我体验到了生命的伟大和美好，我的情感变得更加细腻，对人生的理解也更加深刻。作为一个演员，我也比以往准备得更充分了。于是我决定化被动为主动，离开了大公司，成立了自己的小工作室。就在我雄心勃勃摩拳擦掌撸起袖子准备大干一场的时候，我又怀孕了。更神奇的是，我的经纪人，她也又怀孕了。于是我们怀二胎的整个孕期，只工作了12个工作日。当年被我们拉出来的那支团队，也基本走光了。

　　这一次生完娃，我发誓再也不生娃了！我重整旗鼓雄心勃勃摩拳擦掌撸起袖子，真的准备大干一场！我找了一栋宽敞明亮的二层小洋楼，有漂亮的小花园，到处是绿植。隔壁是吴宇森导演的工作室，出门前行30米是管虎导演的工作室，出大门左转是宁浩导演的工作室。在这样一个浓烈的艺术氛围中上班，想想都令人激动！就在庆祝乔迁之喜的那一天，最后一位员工抱着纸箱离职了。我跟我的经纪人站在空旷的办公室里，互相拍着对方的肩膀打气："万事俱备，只欠员工。"

　　团队走了还能重建，但人生中有些东西是无法重来的。怀孕、生孩子不仅仅是给我增加了一份责任，还增加了不少脂肪。那段时间我苦练修图技术，以求瘦得比较自然。我还见识到了地心引力的强大，从脸部肌肉开始，身上该下垂、不该下垂的地方都下垂了。在座生过孩子的女性朋友一定可以感同身受吧，相信你们也曾和我一样，看到自己曼妙的身材走了形，产生过无数次想"手撕老公"的冲动！被改变的不仅仅是我的身体，还有智商。俗话说：一孕傻三年。我曾站在小区楼下的门禁前，非常认真地，一遍遍输入我的银行卡密码。

我立志要减肥，我要瘦成一道闪电。哺乳期后，我开始恢复健身，运动产生的多巴胺，让我的状态越来越好，我相信一切都会好起来的！肥胖问题解决了，但新的尴尬又欢快地向我奔来——年龄。我是1979年10月出生的，这个年份就很尴尬。80后的末班车我没赶上，说自己是70后吧，我又不甘心。明年我就40岁了，按理说，四十不惑。但我怎么觉得，自己的人生困惑却越来越多了呢？明明到了一个演员最成熟的状态，但市场上，适合我这个年龄段演员的戏却越来越少。

过去五年里，我生了两个孩子，错过了很多好导演的好项目，等再回到职场中时，我的事业已处于十分尴尬的境地。不过，生娃是我当时的人生选择。每个人在不同的年龄段，都会有不同的人生选择。选择你能承担的，承担你所选择的。

作为演员，我是有困惑的。我之所以能考入北京电影学院，是因为老师觉得我有一张天生适合大银幕的脸，不笑的时候，脸上有一层悲伤感。也因此，我在学校演的角色都很正，属于绝对的端庄大气上档次。什么麦克白夫人，武则天，《暗恋桃花源》里的云之凡啊。

万万没想到，我却因为《武林外传》这样一部喜剧走红。后来听同学说，原本对我寄予厚望的老师在聊到我的时候很心痛，他说："这年头干演员不容易，连大姚都迫于生计，要去拍情景喜剧了。"老师的话，让当时的我还挺尴尬的。其实包括我自己在内，很多人对喜剧是有偏见和误解的。但我很幸运，我遇到的是尚敬导演，他对喜剧的认知是高级的，在拍摄过程中，他最经常提醒我们说的一句话是：来真的啊！也因此，我们在表演中，笑是真笑，哭是真哭，即使是夸张，也建立在真实可信的戏剧基础上，这个过程也纠正了我对喜剧的认知。喜剧是戏剧的重要组成部分，喜剧也是悲剧最高表现形式。所以，从这个角度讲，我并没辜负老师对我的期望，我依然是个悲情的女演员。

但是，有很长一段时间，我是抵触喜剧的。正所谓，成也萧何败也萧何，喜剧成就了我，也反过来局限了我。我被贴上了诸多和喜剧有关的标签。什么"喜剧新星"啊，"女版周星驰"诸如此类，从这些称呼里，我能感受到他人对我的某种期待。但没人比我更了解自己，我深知自己不是一个喜剧天才，我无法像周星驰先生、憨豆先生那样创造出一套全新的喜剧表演体系。而作为一个职业演员，我不可能固步自封，我需要不断去尝试各种类型的角色，开拓自身表演的其他可能性。这才是一个演员正确的打开方式。

但我又万万没想到，转型之路如此艰难，我一路走来，一步一个跟头，收获了太多的质疑、讽刺和否定，总结起来就是一个字，"丧"。这十年里，我演了很多部电影，努力塑造不同的角色。但还是会有观众拉着我的话问：翠平儿，你怎么这么多年不演戏了？丧不丧？如果你们是我，是不是早想改行了？不瞒你们说，我也想过改过行。

年轻的时候，"红"好像是件很容易的事。我甚至来不及反应，瞬间就飞上了天。人无法选择时代，但会被时代选择。《武林外传》和《潜伏》这两部剧火了之后，我又赶上了微博时代，其实我是半个网盲，我也没想到在那个平台上，我居然会成为"一代网红"。参加活动的时候，主办方介绍我，有时甚至会忘记演员这个身份，而是直接说"微博女王"来了！我真想发微博解释：其实，我是一个演员！

那几年里，我就像搭上了一辆顺风车，飞驰向前。但俗话说，"花红无百日"，没有哪个演员能永远红下去，你再不甘心也得面对这个现实。但那时我还真没细想过：假如有一天我不红了会怎么样？这一天终于来到了我的面前。仿佛是一夜之间，这个时代又变了。不仅仅是我，我身边不同行业的朋友，似乎都陷入了某种焦虑。铺天盖地的大数据挤压得人喘不过气来。市场对演员的衡量标准也发生了变化，大家拼的不再是演技，而是流量。这种氛围将我困在原地，不知何去何从。

我问过自己千百遍：到底爱不爱演员这个职业呢？

年轻时总说自己热爱表演，其实顶多算喜爱。在认清了这个职业的真相之后，依然对它保持着初恋般的热情，守候在它身旁，这时才有资格说，我真的热爱。当我领悟到这一点，那些绑缚我的枷锁瞬间粉碎了，我重获自由。我想更加主动地去创造角色，这也是我去年开设电影公司的原因之一。请记住，我们的公司名称叫"坏兔子"。

活到这个岁数啊，我算明白了一点：成功只是偶发事件，失败才是人生常态。生活就像一场科学实验，需要在不断试错中调整方向。回望这一路，我的方向一直没有改变。我从事这个职业到今天已整二十个年头。一个人的一生又有多少个二十年呢？这不是热爱又是什么呢？

这些年我常被问到一个问题：你是如何兼顾事业与家庭的？我一直很困惑，为什么没有人问我先生同样的问题呢？在这个时代当中，无论是男性还是女性，都会面临同样的两难境地。老实说，在我看来，事业和家庭是无法兼顾的。我一旦拍戏，就要专注地投入在角色当中，没法照顾到家庭。可如果让我永远地待在家里不许拍戏，那我也会崩溃。

在外拍戏，我享受创作时的孤独。杀青回家，也享受"滚回红尘"的幸福。对我而言，拍戏和家庭，这两者合二为一才构成了我完整的生活。

去年我拍了一部电影，名字叫《找到你》。我饰演的是一名律师，也是一名丢了孩子的单身母亲。电影里有一段台词："这个时代，对女人要求很高。"如果你选择成为一个职业女性，就会有人说你不顾家庭，是个糟糕的母亲。如果选择成为全职妈妈，又有人会说，生儿育女是女人应尽的本分，这不算一份职业。但事实却是，因为努力工作，我才有了选择的权利。因为当妈妈，我才了解了生命的意义，也让我有勇气去面对生活的残酷，这两个身份并不矛盾。

我曾在某个深夜发过一条朋友圈，我写道：后半生最想努力做到的，是对自己的心完全诚实。从小到大，我们都在努力地活成社会希望的样子，我们被各种身份标签所定义，却唯独迷失了最真实的自己。

对一个演员来说，诚实是最宝贵的品格。我们首先得认出自己的面目，找到自己的道路，才能理解他人的生活，理解到那些与我完全不同的女性经历了怎样的生命节奏，其中又有哪些喜怒哀乐与我相同。当我准备这一次演讲，回望过去这些年的选择时，我还是有遗憾的，但并不后悔。连我自己都很感慨，我这一颗玻璃心，居然熬到了现在，我好像比自己想象的还强大一些。

前一段，我和《找到你》剧组去了上海国际电影节，听到了一些好评。我暗自窃喜，看来我就要实现40岁之前拿到影后这个梦想了。颁奖礼那天，我隆重地打扮了一番，坐在台下最显眼的位置殷切地期盼着。果然，影后不是我。看来，尴尬与困惑这对好基友，还将忠实地伴随着我，在一地鸡毛的生活中奋勇前行。

来源：《星空演讲》姚晨演讲稿

一生的欠条

　　大学毕业那年，父亲求亲告友，在家乡小城给我找了份他认为蛮体面的工作，我却毫不犹豫地放弃了，决定到外面闯一闯。那晚，我和父亲深谈，描绘自己的理想抱负。父亲说我心比天高，母亲则在一旁抹眼泪，都苦口婆心地劝我留下。我却冥顽不灵，非要"走出去"。

　　父亲终于问："你决定去哪里呢？"

　　我思虑半天，摇摇头。

　　父亲抽着劣质烟，良久，才一字一顿地说："儿大不由爹呀，你已经是成年人了，以后的路怎么走自己看着办吧。"

　　父亲同意了！那一刻，我为父亲无奈的妥协和"支持"而感激涕零，默默发誓，一定不让父母失望！

　　第二天一早，我收拾好简单的行囊，踌躇再三，还是硬着头皮向父亲索要路费。从小学到大学毕业，十几年里，我不知向父亲伸手要了多少次钱，但总觉得都是天经地义的，唯有这一次，我心里特别发虚。我劝自己说：这是最后一次向父亲伸手要钱！

于是，我怯怯地去找父亲，不想屋里屋外到处找都找不到。正在做早饭的母亲戚然地说："你父亲一早就到集镇上给你寻钱去了。出门在外，人地两生，没钱咋行。可咱家的情况你也知道，为了给你找工作，家底已掏空了。"母亲说着，皲裂的双手仍在冰凉的水盆里搓洗着红薯，眼圈红红的，有些浮肿。我不知道该如何抚慰母亲，只能木然地站着，心如刀绞。

父亲回来时已是半晌，身后还跟着一个人，原来是个粮贩。父亲要卖家中的麦子。那几年丰产不丰收，粮食贱得要命，父亲一直舍不得卖。可是那天，父亲一下子卖了几千斤，装了整整一三轮车。

还没等我开口，父亲就把2000元卖粮款交到了我手里，我感激涕零，讷讷不能言。可出乎我意料的是，父亲竟然板着脸，冷冷地说："写个欠条，这钱是借给你的。你已经长大了，该自己负责自己了！"他语气果断，不容置疑。我目瞪口呆地看着父亲，像看一个陌生人，难以置信。可是父亲已经拿来了纸和笔，摊在桌上。父亲的不近人情，让我失望到了极点，内心五味杂陈。就要离家远走，父亲一句祝福和叮咛的话都没有，只让我留一张冷冰冰的欠条！

　　恼恨、气愤一并涌上心头，我抓起笔，以最快的速度写下欠条，头也不回地走了，泪水流了满脸，但更憋着一股劲：一定要尽快赎回欠条，哪怕再难，让父亲看看儿子不是孬种！

　　我辗转漂到了省城。一天、两天、三天……我像一只无头苍蝇在这个城市里东闯西撞。人才市场、街头广告、报纸招聘，不放过任何一次希望。

　　一个星期后，凭着自己的一支笔，我在一家广告公司谋得了一份文案的工作。在工作之余，我没忘给自己充电，时有文章在省内外的报刊上发表。半年后，我又跳槽到了一家报社。这期间，我只应景式地往家里打了两次电话，每次都以工作忙为借口匆匆挂断，心里仍然对父亲满怀怨恨。

　　到报社发了第一笔工资后，我径自回了家。父亲对我的不期而归大感意外，一连声问我在省城怎么样，坐啥车回来的，回来有急事吗……听得我心烦意乱。我冷冷敷衍着，同时郑重地掏出2000元钱，向父亲索要欠条。

　　父亲一愣，然后缓缓走到里间，打开箱子，从一本旧书里取出了那张崭新的欠条。没等我伸出手，父亲就当面把欠条撕了，又一把推开我的2000元，坐了下来。他抽着旱烟，有些伤感地说："当时让你写欠条，也是怕你年少轻狂，半途而废，逼着你往前走呢。你走时那种眼神，让我心里不好受到今天！要说欠的，你以为2000元就能还清吗？"

　　我脸红了，一张欠条就让我气愤难平，哪能体谅父亲的一片苦心？

"城里花销大，钱你留着。孩子给父母最好的回报，就是自个儿能自立自强，过上好日子！"

父亲说着，用粗黑的大手抹了抹眼角，让我陡然心酸。我蹲下身去，把地上的小纸片捡了起来。我要把它重新粘好，随时带在身边，时刻铭记这张欠条里蕴含的绵长的情意……

摘自：《微型小说选刊》2010年1期

磨好自己那把剑

那时年少，正是武侠小说风靡校园的时代，他读得入了迷。小说中男儿义薄云天的豪气，激荡着少年的心扉。他幻想着有那么一天，成为侠客，策马走天涯。

梦想总归是梦想，现实中让他"路见不平，拔刀相助"的机会，却始终没有遇到。沮丧之余，他跟几位同学结成小团伙，经常聚在一起惹是生非。用石头砸人家窗户玻璃，为了所谓的哥们儿义气打群架，把布满红叉的试卷塞进树洞……

他的成绩急转直下，父母的叹息、老师的劝说，都像风一样从他的耳边飘过。少年的心，犹如脱缰的野马，将所有的叮咛抛在脑后，一路绝尘而去。

那年高考成绩出来，他考得一塌糊涂，虽然在预想之中，心里还是觉得有些酸涩。

他赋闲在家，心灰意冷。隔了两个月，父亲有些看不下去了，便说："你这么年轻，应该找点事情做，不能总闲着。"他思来想去，决定跟父母借点钱，先从小本生意做起。

为了避免碰到熟人，他选择到一家影剧院门前卖夜宵。他每天拉着一辆平板车，上面搁着做饭用的物什，自己动手包馄饨来卖。从下午五点一直忙到次日凌晨，他累得两腿发软，收入却十分微薄。

一天傍晚，他在影院门口摆摊时，突然下起雨，雨丝细密。他撑起一把伞，静静地守候在风雨中。当天没卖出几碗馄饨，他反而冻得生病了。回想起这一年多来，吃了那么多苦，还受过不少白眼，伤心和委屈一起涌上心头，他的眼泪忍不住落下来。

"只有经历痛苦，才能真正地成长。"父亲走到他面前，语重心长地说，"苦难是人生的磨刀石，你是想做一块普通的废铁，还是愿意被磨成一柄好剑，这全看你怎么选择了。"

他记忆中唯一值得骄傲的事情，是上学时曾在全县中学作文竞赛中获一等奖。于是，他决心重新拾起笔来，去圆儿时的文学梦。写好的稿件一篇篇地投出，接下来是望眼欲穿的等待，在他快要失去信心的时候，收到杂志社寄来的样刊。

他激动地捧在手上看了又看，就像一个在黑暗中前行的人，被一簇微弱的火苗，点燃了心中那盏希望的灯。

后来，他换过很多种工作，在玻璃厂当装卸工，在冰棒厂包冰棒，在澡堂传毛巾，也在报社担任过编辑。虽然遍尝尘世冷暖，他却从没忘记父亲的教诲，平时抽空多读书，不停地写稿投稿。随着作品相继发表，他声名渐起，收到许多读者热情的来信。

他用这些年积攒下的钱，又跟朋友借了一部分资金，创办了一家便民超市。他恪守诚信，待人真诚热情，赢得顾客的信任。随着生意日渐兴隆，陆续开了九家连锁店，有人称呼他"方董"，他自嘲道：历经磨难，方懂人生。

又是一个寂静的夜晚，回想起年轻时的狂妄不羁，曾经给别人留下伤害，他心中充满了自责。他陷入深思，人生的价值不在于"得"多少，而在于"舍"多少，有舍有得，才是最好的人生。

除了平日里济危扶困，待人大度，他还想到一个新主意。他是一位"微博控"，拥有众多粉丝，正好利用这个平台做些公益活动。他和几位朋友一起，骑车到旅游景区拍照撰文，然后发到微博上。

这些图片引起很多人的跟帖，博友们对如画般的景致赞叹不已，也对一些游客的陋习给予"吐槽"。不久后，有多家旅游单位向他发出邀请，他成为一名旅游政务微博志愿者。他说，每个人在享受山水之乐的同时，要对大自然的馈赠心怀感恩。

当提及对未来的设想时，他的回答有些出人意料。他说打算在45岁之前退休，陪着父母到各地旅游。问其原因，他感叹道："父母在，要远游，趁他们还能走动的时候，带他们多出去走走转转。"

如今的他无论走到哪里，都会带着纸和笔，记录生活中那些细小而温馨的片断。在他身上，年少轻狂的锋芒已然褪去，平添了几许持重和淡定。他说，要以笔为剑，信步走天涯。脚步不能到达的地方，总有一天，文字可以到达。

摘自：《青春期健康》顾晓蕊

要学会为别人着想

孔子曾说过这样的一句话："己所不欲，勿施于人"。意思就是说不要把自己不喜欢的事情再强加给别人，而要设身处地为别人着想，也就是从别人的角度想事情。这句话不仅中国人自己喜欢，也是西方哲学家推崇的一句名言。

在崇尚民主的西方社会，孔子这句与人为善、善解人意的话，自然赢得了他们的好感。但是在现在的东方，人们却往往希望自己是中心，忘记了孔子这句话的本意：如果是自己都不愿意去做、不愿意接受的事情，就更不要强加到别人的身上。

在日常生活中，时时都会出现如何要求别人以及怎么对待自己的问题。待人和律己的态度，可以充分反映一个人的修养，也是决定能否与人和善相处的一个重要的因素。

每个人都是一样的，平等的，你自己都不喜欢的事情，别人也肯定不会喜欢，如果你非要强加到别人身上，对于对方来说也是无法接受和容忍的。按照孔子的理论，只有一视同仁，才能做到无论是在家里还是社会上，都能与人很好地相处，不会招致怨言。

要以宽容的态度待人，以理解对方为基础，能给人以客观的态度评价，是对别人的基本尊重，既能从对方身上看到自己所没有的优点，还能对别人的缺点或错误善意地给予谅解，可以体现一个人的修养和知识。

美国人山姆常抱怨自己妻子总是花太多时间在他们家的草坪上，因为他觉得即使一周修剪两次，草地也和他们当初搬进来的时候差别不大。山姆每次在他的妻子修剪完草坪后都会这么说，这让他的妻子很不开心，每次说的时候，都会破坏原来的和睦气氛。

有一次，山姆看到一本书，书上说到生活中需要经常站在对方的角度来思考。直到这个时候，山姆才知道自己的问题出在哪里，他从来都没有想过他的妻子辛苦地修剪草坪，是渴望她的劳动成果能得到别人的称赞。

后来，当山姆的妻子再去修剪草坪的时候，山姆主动提出要陪妻子一起去修剪草坪。他的妻子显然没想到他会主动要求陪自己，显得很高兴，两个人就在一种很愉快的氛围下一起修剪了院子里的草坪。

自此以后，山姆就经常和妻子一起修剪草坪，不仅如此，他还经常夸奖妻子勤快，说妻子很厉害，能把院子里的草坪修剪得与水泥地一样平。虽然山姆的夸奖可能有些夸张，但是他们夫妻之间的感情却得到了明显的改观，这是因为山姆学会了为别人着想。

能多为别人着想，为对方设身处地地考虑问题，会让你赢得更多的朋友。肯尼斯·吉德在他所写的一本叫《如何使人变得高贵》的书里有这样的话：暂停一分钟，冷静地想一想，为什么你对有些事情兴趣盎然，对另外的事情却漠不关心？你将会知道，世界上任何人都有使他感兴趣的事情，也有他漠不关心的事情。感兴趣和漠不关心都是有原因的。如果你能站在别人的立场多想想，就不难找到妥善处理问题的方法，因为你和别人的思想沟通了，彼此就有了理解。

来源：豆丁网